长庆油田公司井控培训系列教材

测井井控技术与设备

张发展 熊 杰 董志龙 编

石油工业出版社

内 容 提 要

本书以井控基本理论和工艺技术为基础，从测井井控概念、井筒内各种压力的平衡关系、井控设计、井筒内天然气的膨胀与运移、测井作业中的井控工艺技术、溢流控制关键技术、压井原理、测井作业井控设备和常见测井仪器等环节入手，系统阐述了钻井和测井作业过程中的井控知识。

本书可作为钻井工和测井工的井控培训教材，其他相关人员也可阅读使用。

图书在版编目（CIP）数据

测井井控技术与设备/张发展，熊杰，董志龙编. —北京：石油工业出版社，2018.1

长庆油田公司井控培训系列教材

ISBN 978-7-5183-2431-6

Ⅰ.①测…　Ⅱ.①张…②熊…③董…　Ⅲ.①测井-井控-技术培训-教材　Ⅳ.①TE28

中国版本图书馆 CIP 数据核字（2017）第 330443 号

出版发行：石油工业出版社
　　　　　（北京市朝阳区安定门外安华里2区1号楼　100011）
　　　　　网　　址：www.petropub.com
　　　　　编 辑 部：（010）64269289
　　　　　图书营销中心：（010）64523633
经　　销：全国新华书店
印　　刷：北京中石油彩色印刷有限责任公司
2018年1月第1版　2018年1月第1次印刷
710×1000毫米　开本：1/16　印张：11.5
字数：226
定价：35.00元

前言

为了切实加强油气田井控安全管理工作，做到井控工作有序、平稳、受控，防止井喷及井喷失控着火事故的发生，进一步落实中国石油天然气集团公司（以下简称集团公司）"警钟长鸣、分级管理、明晰责任、强化监管、根治隐患"的井控工作方针，牢固树立"以人为本""积极井控"的理念，有效执行"安全第一，预防为主、综合治理"的国家安全生产方针，加强井控培训工作势在必行。按照"立足一级井控、搞好二级井控、杜绝三级井控"的钻井井控工作原则，为将"关键在领导、重点在基层、要害在岗位、核心在人"的井控职责落到实处，力争达到井控工作"万无一失"，同时也为了进一步明晰钻井工和测井工的井控责任，充分发挥"钻井和录井双坐岗"的作用，根据长庆油田实际情况编写了本书。本书主要内容包括测井井控概念、井筒内各种压力的平衡关系、井控设计、井筒内天然气的膨胀与运移、测井作业中的井控工艺技术、溢流控制关键技术、压井原理、测井作业井控设备和常见测井仪器等，本书可以作为钻井工和测井工的井控培训教材。

由于时间仓促，本书难免有不足之处，敬请同行及读者给予批评指正。

编　者

2017 年 10 月

目录

第一章　测井井控概述

测井是贯穿在整个石油勘探与开发过程中一个不可缺少的环节。随着油气勘探开发工作的不断深入，测井过程中的井控工作显得尤为重要，特别是近几年来油气井失控现象较多。一旦发生井喷事故，会造成人员伤亡、环境污染、设备和油气井损坏等，产生的社会负面影响极大。另外，测井作业施工标准严，精度要求高，所以只有不断研究油气井测井井控技术，不断提高测井作业人员的井控意识和操作水平，才能安全、有效地实施测井作业。

第一节　测井的概念及分类

一、测井的概念

地球物理测井是应用地球物理学的一个分支，简称测井（Well Logging）。它是在勘探和开发石油、天然气、煤、金属矿等地下矿藏过程中，将各种专门仪器放入钻开的井内，沿着井身测量钻井地质剖面上地层的各种物理参数（电阻率、自然电位、中子密度、声波等），然后利用这些物理参数和地质信息（泥质含量、孔隙度、饱和度、渗透率等）之间应有的关系，采用特定的方法把测井信息加工转换成地质信息，从而研究地下岩石物理性质与渗流特性，寻找和评价油气及其他矿藏资源，以及解决其他一些地质问题或工程问题的一门应用科学。

二、测井的分类

按照资源评价的对象分类，测井可分为石油测井、煤田测井、金属矿测井、水文工程测井。

（1）石油测井是勘探和开采石油及天然气所用的各种测井技术的总称，它在使用测井技术的产业部门中一直处于领先地位。

（2）煤田测井是勘探和开采煤炭所用的各种测井技术的总称，其规模仅次于石油测井。

（3）金属矿测井是勘探和开采各种金属或稀有金属矿所用的各种测井技术的总称，其中放射性测井尤为重要。

（4）水文工程测井是评价地下水资源或者地下岩层的工程性质所用的各种测井方法的总称。

本书主要讲述的是油气勘探开发过程中测井井控技术，如果没有特殊说明，下文所讲的测井都是指石油测井。

按照测量原理的不同，石油测井常见的测井方法可分为电法测井、声波测井、放射性测井及其他测井。

（1）电法测井是研究地层电学性质和电化学性质的各种测井方法的总称，包括研究地层导电性质的电阻率测井、研究地层极化性质的高频电磁波测井、研究地层电化学性质的自然电位测井和人工电位测井等。

（2）声波测井是研究地层声学性质的各种测井方法的总称，包括研究纵波速度和横波速度的声波测井、研究纵波幅度的声幅测井、研究声波全波列各个成分的声波全波列测井等。

（3）放射性测井是研究地层核物理性质的各种测井方法的总称，包括研究地层天然放射性的自然伽马测井和自然伽马能谱测井、研究伽马射线与介质相互作用的密度测井、研究中子与介质相互作用的中子孔隙度测井等。

（4）其他测井主要包括测量地层温度的井温测井、测量井眼几何形状的井径测井、测量地层压力的地层测试器等。

提供测井技术服务的产业是测井公司。测井公司要根据地质或工程需要选择几种测井方法，构成一套综合测井方法，称为测井系列。按测井公司提供的技术服务项目，测井技术主要分为裸眼井地层评价测井系列、套管井地层评价测井系列、生产动态测井系列、工程测井系列四大测井系列。

（1）裸眼井地层评价测井系列，即在未下套管的裸眼井中，用测井资料对储层做出预测性评价所使用的一套综合测井方法。

（2）套管井地层评价测井系列，即在已经下套管的井中，用测井资料对储层做出预测性评价所使用的一套综合测井方法。

（3）生产动态测井系列，即在生产井或注入井的套管内，在地层产出或吸入流体的情况下，用测井资料确定生产井的产出剖面或注水井的注水剖面所用的一套综合测井方法。

（4）工程测井系列，即在裸眼井或套管井中，用测井资料确定井斜状态、固井质量、酸化或压裂效果、射孔质量和管材损伤等所用的各种测井方法。

此外，测井技术还可以提供井壁取心、地层测压测试、射孔等服务。

第二节 井控的概念及分级

一、井控的概念

井控技术（Well Control Technology）即井涌控制或压力控制，是指采取一定的方法控制住地层孔隙压力，基本上保持井内压力平衡，保证施工作业顺利进行的技术。

测井井控就是在测井过程中实施油气井压力的控制，用井筒系统的压力控制住地层压力，使得测井作业能够顺利进行。

目前的井控技术已从单纯的防喷发展成为保护油气层、防止资源破坏、防止环境污染等多项内容，做好井控工作，既有利于保护油气层，又可以有效地防止井喷、井喷失控或着火事故的发生。

二、井控分级

人们根据井涌规模和采取的控制方法的不同，把井控作业分为三级，即一级井控、二级井控和三级井控。

（一）一级井控

一级井控也称为初级井控，就是采用适当密度的压井液，建立足够的液柱压力去平衡地层压力的工艺技术。此时没有地层流体侵入井内，井侵量为零，自然也无溢流产生。

（二）二级井控

二级井控是指仅靠井内压井液液柱压力不能控制地层压力，井内压力失去平衡，地层流体侵入井内，出现井侵，井口出现溢流，这时候要依靠关闭地面设备建立的回压和井内液柱压力共同平衡地层压力，依靠井控技术排除气侵压井液，处理掉溢流，恢复井内压力平衡，使之重新达到一级井控状态。

二级井控是井控培训的重点内容，是井控技术的核心，也是防喷的重点。

（三）三级井控

三级井控是指当二级井控失效后，所采取的各种紧急措施。此时井涌量大，最终失去控制，发生了井喷（地面或地下），这时候要利用专门的设备和技术重新恢复对井的控制，使其达到二级井控状态，并进一步恢复到一级井控状态。

三级井控就是平常说的井喷抢险，可能需要灭火、邻近注水井停注等各种具体技术措施。三级井控应尽量避免发生。

一般地说，在测井作业时要力求使一口井始终处于一级井控状态；同时做好一切应急准备，一旦发生溢流、井涌、井喷，能迅速做出反应，加以解决，恢复正常的测井作业。

三、与井控相关的概念

（1）井侵。地层流体（油、气、水）侵入井内的现象，通常称为井侵。常见的井侵有油侵、气侵、水侵。

（2）溢流。当井侵发生后，井口返出的液量比泵入的液量多，停泵后井口压井液自动外溢，这种现象称为溢流。

（3）井涌。溢流进一步发展，压井液涌出井口且不超过井口（作业面）2m的现象称为井涌。

（4）井喷。地层压力高于井底压力时，地层流体（油、气、水）无控制地进入井筒，并喷出井口（作业面）2m以上的现象称为井喷，也称为地上井喷。井下高压层的地层流体（油、气、水）把井内某一薄弱地层压破，流体由高压层大量流入被压破的地层内，这种现象称为地下井喷。如果没有特殊说明，本书所讲的井喷都是指地上井喷。

（5）井喷失控。井喷发生后，无法用常规方法和装备控制而出现地层流体（油、气、水）敞喷的现象称为井喷失控。这是施工作业中的恶性事故，一般会带来严重的后果，造成巨大的损失。

（6）井喷着火。井喷失控后，由于喷出物中含有大量天然气、原油，如果现场存在火源，导致天然气着火，这种现象称为井喷着火。

综上所述，井侵、溢流、井涌、井喷、井喷失控、井喷着火反映了地层压力与井底压力失去平衡以后井下和井口所出现的各种现象及事故发展变化的不同严重程度。

四、"三高"油气井和"两浅井"

（1）所谓"三高"油气井就是指高压油气井、高含硫油气井、高危地区油气井。

① 高压油气井：指以地质设计提供的地层压力为依据，当地层流体充满井筒时，预测井口关井压力可能达到或超过35MPa的井。

② 高含硫油气井：指地层天然气中硫化氢含量高于150mg/m^{3}的井。

③ 高危地区油气井：指在井口周围500m范围内有村庄、学校、医院、工厂、

集市等人员集聚场所，油库、炸药库等易燃易爆物品存放点，地面水资源及工业、农业、国防设施（包括开采地下资源的作业坑道），或位于江河、湖泊、滩海和海上的含有硫化氢（地层天然气中硫化氢含量高于 15mg/m³）、一氧化碳等有毒有害气体的井。

（2）"两浅井"：是指浅层气井和浅井（1000m 内）。

第三节　测井过程中井喷失控造成的危害及预防措施

　　油气井井喷失控是石油开采中的灾难性事故。几十年来，石油行业在井控方面取得了很大成绩，也积累了经验；随着油气田开发的深入，新区块、水平井、多层系开发，井控新险情不断涌现，测井井喷失控事故仍屡屡发生。下面列举几例，分述如下：

　　（1）2000 年 12 月 19 日，某油田窟 5 井测井过程中发生井喷事故，主要原因是测井时间太长，没有及时通井，造成卡测井仪器，处理事故时造成事故复杂化，打捞电缆过程中没能及时通井，处理事故过急，急于求成，经验不足，使电缆拧成团，遇卡上提抽汲造成流体进入井筒，致使处理卡钻过程中发生井喷着火事故。此次事故造成井场设备全部烧毁，人员轻伤 17 人，1 人抢救无效死亡，1 人失踪。

　　（2）2001 年 9 月 9 日，某油田涩 3-9 井测井过程中发生井喷失控事故，主要原因是电测时，钻井液无法循环，长时间静止，切力增大，下钻速度又过快，造成井漏，液柱压力下降后，发生井喷；关井后，因钻具水眼堵塞，等水泥车时放喷，井内钻井液喷空，造成后续压井困难；井控装置质量太差，发生多处刺漏，造成压井施工不连续；坐岗制度不严格，未及时发现井漏。此次井喷失控事故先后处理达 18d，造成巨大的资源浪费和破坏，导致气田局部气水关系混乱。事故处理造成大量的人力、物力和财力的损失。

　　（3）1998 年 10 月 10 日，某油田 YH23-2-14 井在电测期间电缆绞车出现故障，在处理故障过程中，井口出现溢流，最后发展到井喷，喷至二层台，主要喷出物为天然气与轻质油，井场当即断电禁火，人员撤离井场，没有造成人员伤亡。现场抢险处理时，先抢接井控放喷管汇，恢复紧固井口所有法兰固定连接螺栓，抢装加固井口承压能力的卡子，迅速关井，向井内打压井液 100m³，停泵，关井压力为 0，开放喷管线，除少量气体外，再无溢流，抢险顺利安全结束。

　　（4）2006 年 6 月，某油田在钻 T705 号油井时，用中子源进行完井电测试期间，发现井口出现溢流现象，在强行起电缆时，发生重大井喷事故，造成经济损失近 200 万元。

（5）2006 年 3 月 28 日 14：20，某油田 TK929H 井在进行声幅测井时发现仪器脱落，起钻具时，井队发现钻井液罐处钻井液外溢，紧急抢接变扣钻杆，但尚未来得及将此钻杆下入井内时即发生井喷。后压井成功，事故未造成人员伤亡。

无数实例说明，测井过程中容易发生井喷事故，我们一定要注意以下几点，采取有效措施，预防溢流井喷事故的发生。

（1）起钻前充分循环井内钻井液，使其性能均匀，进出口密度差不超过 $0.02g/cm^3$，保持井内正常、稳定，并观察一个作业期时间，方可进行下步作业。

（2）电测时间长，天然气可能进入井筒并向上运移，由于气体的进入会打破井内平衡关系，降低液柱压力而导致溢流井喷。因此，应在测井施工时定时循环钻井液，建立平衡后再进行测井作业。

（3）测井期间，加强溢流观察，做到及时发现溢流。

（4）发现溢流时，应停止测井作业，并尽快起出井内电缆。若溢流量超过规定值，则立即砍断电缆按空井溢流处理，不允许用关环形防喷器的方法继续起电缆。

大量的实例告诉我们，井喷失控是石油工程作业过程中性质严重、损失巨大的灾难性事故，其危害可概括为以下几个方面：

（1）井喷失控易引起失控着火、爆炸或喷出有毒有害气体而造成人员伤亡，影响周围千家万户的生命安全。

（2）井喷失控使油气无控制地喷出井口进入空中，造成环境污染，影响农田、水利、渔场、牧场、林场建设。

（3）井喷失控还会严重伤害油气层、破坏地下油气资源，极易引起火灾和地层塌陷，造成机械设备毁坏、油气井报废，带来巨大的经济损失。

（4）井喷失控涉及面广，在国际、国内造成不良的社会影响；影响施工队伍的形象，对该企业的生存和发展不利。

（5）井喷失控使施工的井更加复杂化。

（6）井喷失控打乱全面的正常工作秩序，影响全局生产。

在注重社会、经济与环境效益和谐发展的今天，与井控工作相关的石油人应把防止井喷作为自己的主要职责，凡是明知故犯或玩忽职守造成井喷失控事故者都应受到行政或法律的制裁。

近年来，世界各国都十分重视井控技术的研究，我国在总结各油田井控工作经验和吸收国外先进技术的基础上，相继颁布实施了许多关于井控技术和管理的标准、条例和法规，向科学化、标准化和正规化方面迈出了一大步。各油田企业也加大了井控管理和培训力度。在井控工艺技术、井控装置和理论研究方面也有了长足的进步。

复习思考题

1. 解释测井、电法测井、声波测井、放射性测井。
2. 解释井控技术、一级井控、二级井控、三级井控。
3. 解释井侵、溢流、井涌、井喷、井喷失控、井喷着火。
4. 解释"三高"油气井、"两浅"井。
5. 简述测井过程中井喷失控造成的危害及预防措施。

第二章 井筒内各种
压力的平衡关系

压力是井控技术的最主要的概念之一。井控工作人员必须了解压力的概念及井筒内各种压力之间的关系及计算，这对于掌握一级井控技术是非常重要的。

一级井控关键技术就是在井底压力稍大于地层压力情况下，使地层流体不能侵入到井眼内，实现近平衡压力作业，一级井控的关键在于确定合理的压井液密度，而地层压力、地层破裂压力和地层漏失压力的检测是确定合理的压井液密度的基础。本章主要讨论地层压力预测技术，地层破裂压力、地层漏失压力、地层承压能力现场试验方法，以及油气上窜速度实用计算方法和现场压井液密度的确定方法。

第一节 井筒内各种压力

一、压力的概念

（1）压力的定义。压力在物理学领域是指垂直作用在物体表面上的力，单位为牛顿（N），受力物是物体的支持面，作用点在接触面上，方向垂直于接触面，在受力物体是水平面的情况下，压力（F）=物重（G），如图 2-1 所示。

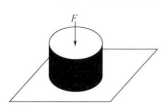

图 2-1　圆柱作用下的压力

（2）压力的计算。工程领域的压力是指物体单位面积上所受的力。单位为牛顿/米^2（N/m^2），也称为帕斯卡（Pa），也就是物理领域的压强，同时把压力称为总压力。这时的压力不表示力，而是表示垂直作用于物体单位面积上的力，用公式表示为：

$$p = \frac{F}{S}$$

（2-1）

式中　F——作用在面积 S 上的力，N；

　　　S——力 F 的作用面积，m^2；

　　　p——压力，Pa。

压力一定时，受力面积越小，压力作用效果越显著。受力面积一定时，压力越大，压力作用效果越显著。

（3）压力的单位。压力的国际单位为帕斯卡，简称帕，符号为 Pa；英制单位为磅/英寸^2（psi），公制单位是兆帕（MPa）；标准条件（温度 T=288.15K，空气密度 ρ=1.225kg/m^3）下海平面高度大气压力为 101325 帕（Pa），称为标准大气压。工业上采用 1 千克力/厘米^2（kgf/cm^2）为 1 个工程大气压（atm），其值为 98066.5 帕（Pa）。气象学中定义 10^6 达因/厘米^2（dyn/cm^2）为 1 巴（bar），1 巴（bar）=10^5 帕（Pa），接近 1 个标准大气压（atm）。流体的压力与温度、密度等参数有关。理想气体压力 $p=\rho RT$，式中 R 为气体常数，与气体种类有关，空气的 R=287.0 焦/（千克·开/摄氏度）[J/（kg·K/℃）]。液体压力随密度增大而增加。

我国的法规中法定压力单位也是兆帕（MPa）。除此之外，压力的单位还有千克力/厘米^2（kgf/cm^2）、巴（bar）、大气压（atm）、达因/厘米^2（dyn/cm^2）、毫米汞柱（mmHg）、毫米水柱（mmH$_2$O）。

压力单位之间换算关系：

1 帕（Pa）=1N/m²；

1 兆帕（MPa）=1000 千帕（kPa）=1000000 帕（Pa）；

1 兆帕（MPa）=145 磅/英寸^2（psi）=10.2 千克力/厘米^2（kgf/cm^2）=10 巴（bar）= 9.8 大气压（atm）；

1 磅/英寸^2（psi）=0.006895 兆帕（MPa）=0.0703 千克力/厘米^2（kgf/cm^2）=0.0689 巴（bar）=0.068 大气压（atm）；

1 巴（bar）=0.1 兆帕（MPa）=14.503 磅/英寸^2（psi）=1.0197 千克力/厘米^2（kgf/cm^2）= 0.987 大气压（atm）；

1 大气压（atm）=0.101325 兆帕（MPa）=14.696 磅/英寸^2（psi）=1.0333 千克力/厘米^2（kgf/cm^2）=1.0133 巴（bar）；

1 毫米汞柱（mmHg）=133.33 帕（Pa）；

1 达因/厘米^2（dyn/cm^2）=0.1 帕（Pa）；

1 毫米水柱（mmH$_2$O）=9.80665 帕（Pa）；

1 工程大气压（atm）=98.0665 千帕（kPa）；

近似计算 1 千克力/厘米^2（kgf/cm^2）=100 千帕（kPa）=0.1 兆帕（MPa），误差约 2%。

（4）压力与重力的关系。压力是由于相互接触的两个物体互相挤压发生形变而产生的；重力是由于地面附近的物体受到地球的吸引作用而产生的。

压力的方向没有固定的指向，但始终和受力物体的接触面相垂直（因为接触面可能是水平的，也可能是竖直或倾斜的）。重力有固定的指向，总是竖直向下。

压力可以由重力产生也可以与重力无关。当物体放在水平面上且无其他外力作用时，压力与重力大小相等。当物体放在斜面上时，压力小于重力。

压力的作用点在物体受力面上，重力的作用点在物体重心。

井控中的很多压力是由液体和气体产生的，但压力的概念是一样的，所不同的是液体和气体在某点上的压力在各个方向均相等。

[**例 2-1**] 如图 2-1 所示，已知一圆柱体立放在桌面上，其底面直径 100mm，高 1m，重 5kg。求该圆柱体对桌面的压力。

解：圆柱体底面积：

$$S = \frac{\pi d^2}{4} = \frac{3.14 \times 10^2}{4} = 78.54 \ （\text{cm}^2）$$

则圆柱体对桌面压力为：

$$p = \frac{F}{S} = 5/78.54 = 0.064 \ （\text{kgf/cm}^2）= 6.246 \ （\text{kPa}）$$

（一）静液压力

静液压力是由静止液柱的重量产生的压力，其大小只取决于液体密度和液柱垂直高度，与井筒（或液柱横向尺寸及形状）无关。图 2-2 表示出了井内钻井液柱静液压力和地层孔隙水的静液压力。静液压力同样可以用计算圆柱体的压力的方法来计算。然而，由于流体具有特殊的性质，允许我们使用更简便的形式。静液压力的计算公式为：

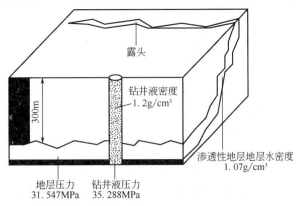

露头

钻井液密度
1.2g/cm³

渗透性地层地层水密度
1.07g/cm³

300m

地层压力
31.547MPa

钻井液压力
35.288MPa

图 2-2　钻井液静液压力和地层压力

$$p_{\mathrm{m}} = 0.00981 \rho_{\mathrm{m}} H \qquad\qquad （2\text{-}2）$$

式中　p_m——静液压力，MPa；

　　　ρ_m——钻井液密度，g/cm³；

　　　H——液柱垂直高度，m。

在陆上钻井作业中，H 为井眼的垂直深度，起始点自转盘面算起，液体的密度为钻井液的密度。

如图 2-2 所示，井内压井液密度为 1.2g/cm³，3000m 处静液柱压力为：

$$p_m = 0.00981\rho_m H = 0.00981 \times 1.20 \times 3000 = 35.288（MPa）$$

地层孔隙内流体（水）的压力为：

$$p_m = 0.00981\rho_m H = 0.00981 \times 1.07 \times 3000 = 31.547（MPa）$$

［例 2-2］如图 2-2 所示，已知地层水密度为 1.07g/cm³，井内钻井液密度为 1.2g/cm³，求 3000m 处静液柱压力。

解：井内 3000m 处静液柱压力为：

$$p_m = 0.00981\rho_m H = 0.0098 \times 1.2 \times 3000 = 35.29（MPa）$$

对井深需要特别注意的是，若是一口定向井，井深必须用垂直井深，而不是测量井深（或钻柱的长度）。

图 2-3 给出了几种情况下的井底静液压力。

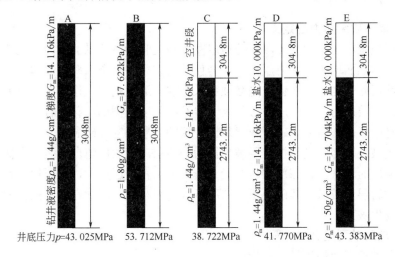

图 2-3　井底静液压力

（二）压力梯度

静液压力梯度是指每增加单位垂直深度静液压力的变化量。静液压力梯度受液体密度的影响和含盐浓度、气体的浓度以及温度梯度的影响。含盐浓度高会使静液压力梯度增大，溶解气体量增加和温度增高则会使静液压力梯度减小。

根据压力梯度的定义可知，其计算公式为：

$$G = \frac{p_m}{H} = \frac{0.00981\rho_m H}{H} = 0.00981\rho_m \qquad (2-3)$$

式中　G——压力梯度，MPa/m；

　　　p_m——静液压力，MPa；

　　　H——液柱的垂直高度，m；

　　　ρ_m——液体密度，g/cm^3。

用压力梯度的定义，静液压力的公式也可以写成：

$$p_m = GH \qquad (2-4)$$

[例2-3] 已知钻井液密度为1.248g/cm^3，深度为3353m，求压力梯度和井底静液压力。

解：压力梯度为：

$$G = 0.00981\rho_m = 0.00981 \times 1.248 = 0.012164 （MPa/m）$$

静液压力为：

$$p_m = GH = 0.012164 \times 3353 = 40.787 （MPa）$$

（三）地层破裂压力

1．地层破裂压力的定义

地层破裂压力是指某一深度处地层发生破裂时所能承受的压力。破裂压力一般随井深增加而增大。井内压力过大会使地层破裂并将全部井内液体漏入地层。

在地层破裂之前，液体首先必须穿入地层，这就是说，作用在地层上的压力必须超过地层压力，井中压力必须大于岩石的强度。例如，花岗岩是非常硬的，所以不易破裂。砂岩或破碎石灰岩是比较软的，所以容易破裂。

地层破裂压力梯度是指地层破裂压力与地层深度的比值。破裂压力梯度一般随井深增加而增大。较深部的岩石受着较大的上覆岩层压力，可压得很致密。深水底部的岩层就较松，其破裂压力梯度可能是很小的，因此在很小的压力下，地层就会发生破裂。

2．地层破裂压力的计算

地层破裂压力的计算公式为：

$$p_f = 0.00981\rho_f H_f \qquad (2-5)$$

式中　p_f——地层破裂压力，MPa；

　　　ρ_f——地层破裂压力当量钻井液密度，g/cm^3；

　　　H_f——漏失层垂直高度，m。

在钻井施工时，钻井液柱压力的上限则不能超过地层的破裂压力，以避免压裂地层造成井漏。

3. 地层破裂压力当量钻井液密度

地层破裂压力当量钻井液密度的计算公式为：

$$\rho_f = \frac{p}{0.00981H} + \rho_m \qquad (2\text{-}6)$$

式中　ρ_f——地层破裂压力当量钻井液密度，g/cm³；

　　　　p——地面回压，MPa；

　　　　ρ_m——井内钻井液密度，g/cm³。

掌握破裂压力的重要性是非常有必要的，为了合理进行井身结构设计和制定施工措施，除了掌握地层压力梯度剖面外，还应了解不同深度处地层的破裂压力。在钻井中，合理密度的钻井液液柱压力不仅要略大于地层压力，还应小于地层破裂压力，这样才能保持油气层，获得高钻速，实现安全高效钻井。破裂压力是确定最大关井压力的依据。

（四）地层坍塌压力

地层坍塌压力是指井眼形成后井壁周围的岩石应力集中，当井壁围岩所受的切向应力和径向应力的差达到一定数值后，将形成剪切破坏，造成井眼坍塌，此时的井内液体液柱压力称为地层坍塌压力。其计算公式为：

$$p_{st} = \frac{\eta(3\sigma_H - \sigma_P) - 2\tau K + \alpha p_p(K^2 - 1)}{K^2 + \eta} \qquad (2\text{-}7)$$

$$K = \tan^{-1}\left(\frac{\pi}{4} - \frac{\varphi}{2}\right)$$

式中　p_{st}——地层坍塌压力，MPa；

　　　　σ_H, σ_P——水平最大、最小主应力，MPa；

　　　　φ——内摩擦角，一般取 $\pi/6$；

　　　　τ——岩石黏聚力，MPa；

　　　　α——弹性系数，无量纲；

　　　　p_p——地层的孔隙压力，MPa；

　　　　η——应力非线性修正系数，无量纲。

对于塑性地层，岩石的剪切破坏表现为井眼缩径；对于硬脆性地层，岩石的剪切破坏表现为井壁坍塌、井径扩大。因此，井径的变化体现了井壁坍塌压力的大小，从而可以确定出地层的坍塌压力。

地层坍塌压力的大小与岩石本身特性及其所处的应力状态等因素有关。井筒施工过程中，采用物理支撑的原理，配制合理密度的钻井液以平衡地层坍塌压力，防止地层失稳。

（五）地层漏失压力

地层漏失压力是指某一深度的地层产生井内液体漏失时的压力。

对于正常压力的高渗透性砂岩、裂缝性地层以及断层破碎带、不整合面等处，往往地层漏失压力比破裂压力小得多，而且对钻井安全作业危害很大。

二、波动压力

波动压力是抽汲压力和激动压力的统称。

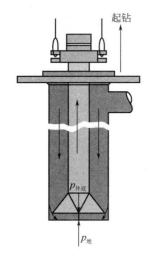

图 2-4　抽汲压力形成原理图

（一）抽汲压力

抽汲压力发生在井内起钻时，钻柱下端因上升而空出来的井眼空间，以及钻井液因黏滞性附于钻柱上，随钻柱上行而空出来的空间将由其上面的钻井液充填，引起钻井液向下流动。这部分钻井液在流动时会有流动阻力，其结果是降低有效的井底压力（图 2-4）。钻头泥包时，会产生很大的抽汲压力。

抽汲压力就是由于上提钻柱而使井底压力减小的压力，其数值就是阻挠钻井液向下流动的流动阻力值。根据计算可知，一般情况下抽汲压力当量钻井液密度为 $0.03 \sim 0.13 \mathrm{g/cm^3}$，国外要求把抽汲压力当量钻井液密度减小到 $0.036 \mathrm{g/cm^3}$ 左右。

管柱提升速度快，钻井液切力大、黏度大，井眼缩径和钻头泥包都将引起过大的抽汲压力，过大的抽汲压力是引起井喷和井眼垮塌的因素，因此应引起足够的重视。

（二）激动压力

激动压力产生于下钻和下套管时，因为钻柱下行，挤压其下方的钻井液，使其产生向上的流动。由于钻井液向上流动时要克服流动阻力的影响，结果导致井壁与井底也承受了该流动阻力，使得井底压力增加，如图 2-5 所示。

激动压力就是由于下放钻柱而使井底压力减小的压力，其数值就是阻挠钻井液向上流动的流动阻力值。

引起过大激动压力的主要因素是下钻速度快，其他影响因素与抽汲压力的相同。过大的激动压力会引起井漏，带来的危害更大。

（三）引起波动压力的主要原因

1. 钻井液静切力

钻井液静止时，黏土颗粒之间要形成网状结构，静止时间越长，网状结构的强度越大，钻井液静切力也随之增大。在井内的钻井液和钻柱都处于静止状态时，钻柱由静止状态变为运动状态，而钻井液却不能在钻柱运动的同时立刻产生流动，必须克服钻井液的静切力后才能开始流动。因此下放钻具的开始，为克服钻井液的静切力，会使井底压力增加，即产生激动压力；相反，起升钻柱时，会产生抽汲，使井底压力减小。钻井液的静切力越大，产生的激动压力和抽汲压力越大。

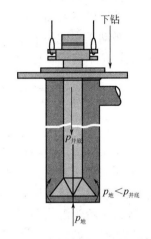

图 2-5 激动压力形成原理图

2. 起下钻

起钻时，钻柱在井内的体积不断减小，钻井液要充填起出钻柱所空出的空间而向下流动，产生流动阻力，使井底压力减小。下钻时，井内钻具体积不断增加，排挤钻井液向上流动，而产生流动阻力，使井底压力增加。

3. 惯性力

在起下钻或接单根等作业中，钻柱的运动有加速和减速的过程，从而产生惯性力。引起井内压力波动。加速度越大，产生的波动压力越大。

（四）影响波动压力的因素

（1）管柱结构、尺寸以及管柱在井内的实际长度。

（2）井身结构与井眼直径。

（3）起下钻速度。

（4）钻井液密度、黏度、静切力。

（5）钻头或扶正器泥包程度。

（五）减小波动压力对井眼影响的措施

（1）控制起下钻速度，不要过快。在钻开高压油气层和钻井液性能不好时，更应注意。

（2）起下钻具时，防止猛提猛刹，防止过大的惯性力产生的波动压力。

（3）要调整好钻井液性能，防止因切力、黏度过大产生无穷大的波动压力。

（4）要保持井眼畅通，防止钻头泥包、井眼缩径等造成的严重抽汲。

抽汲压力作用于钻柱下端以下直到井底，它使井底压力减小。如果钻头（钻柱下端）以下有高压层裸露，则井底压力降低可能引起地层流体侵入井内。

激动压力使井下压力加大，大的井下压力可能压破套管鞋处裸露地层，因为一般情况下套管鞋处裸露地层的破裂压力最低。

三、循环压力损失与环空压耗

循环压力损失是指泵送钻井液通过地面高压管汇、水龙带、方钻杆、井下钻柱、钻头喷嘴，经环形空间向上返到地面循环系统，及其他所经过的物体，因摩擦所引起的压力损失，在数值上等于钻井液循环泵压。该压力损失大小取决于钻柱长度和钻井液密度、黏度、切力、排量和流通面积。任何时候钻井液通过管汇、喷嘴或节流管汇均要产生压力损失。通常，大部分压力损失发生在钻井液通过钻头喷嘴时，如图2-6所示。循环排量的变化也会引起泵压较大的变化。

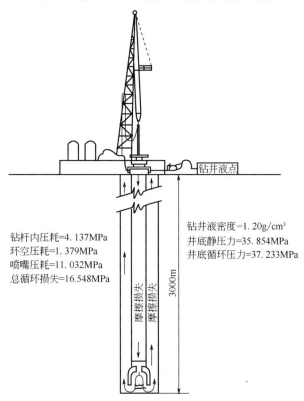

图2-6 井内循环压力损失

在钻井过程中，钻井液沿环空向上流动时所产生的压力损失称为环空压耗。在钻井泵克服这个流动阻力推动钻井液向上流动时，井壁和井底也承受了该流动阻力，因此，井底压力增加。当停泵钻井液停止循环时，流动阻力消失，井底压力又恢复为静液压力。钻井液在环空中上返速度越大、井越深、井眼越不规则、环空间隙越小，且钻井液密度、切力越高，则环空流动阻力越大；反之，环空阻力越小。

四、上覆岩层压力

（一）上覆岩层压力的定义

上覆岩层压力是指某深度以上的地层岩石基质和孔隙中流体的总重量对该深度所形成的压力。地下某一深处的上覆岩层压力就是指该点以上至地面岩石的重力和岩石孔隙内所含流体的重力总和施加于该点的压力。这种情况与把圆柱体放在桌面上的情况很相似。地下岩石平均密度为 $2.16 \sim 2.64 \mathrm{g/cm^3}$，于是平均上覆岩层压力梯度为 $0.0211896 \sim 0.025898 \mathrm{MPa/m}$。

（二）上覆岩层压力与地层压力的关系

上覆岩层压力与地层压力的关系为：

$$p_0 = \sigma + p_p \tag{2-8}$$

式中 p_0——上覆岩层压力，MPa；

σ——岩石颗粒应力，MPa；

p_p——地层压力，MPa。

上覆岩层的重力是由岩石基质（骨架）和岩石孔隙中的流体共同承担的，当骨架应力降低时，孔隙压力就增大；孔隙压力等于上覆岩层压力时，骨架应力等于零，而骨架应力等于零时可能会产生重力滑移。骨架应力是造成地层沉积压实的动力，因此只要异常高压带中的基岩应力存在，压实过程就会进行（尽管速率很慢）。上覆岩层压力、地层压力和骨架应力之间的关系如图 2-7 所示。

同样，可以写成：

$$G_0 = G_M + G_P \tag{2-9}$$

$$\rho_0 = \rho_M + \rho_P \tag{2-10}$$

$$K_0 = K_M + K_P \tag{2-11}$$

式中 G_0——上覆岩层压力梯度，MPa/m；

G_M——基体岩石压力梯度，MPa/m；

G_P——孔隙压力梯度，MPa/m；

ρ_0——上覆岩层压力当量钻井液密度，$\mathrm{g/cm^3}$；

ρ_M——基体岩石压力当量钻井液密度，g/cm^3；

ρ_P——孔隙压力当量钻井液密度，g/cm^3；

K_0——上覆岩层压力系数；

K_M——基体岩石压力系数；

K_P——孔隙压力系数。

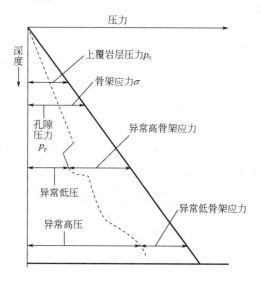

图 2-7　上覆岩层压力、骨架应力和地层压力的关系

上覆岩层压力与地层孔隙压力的关系可用图 2-8 表示。

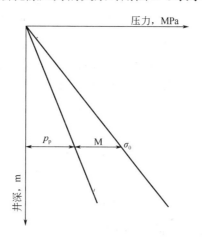

图 2-8　上覆岩层压力与地层孔隙压力的关系

G_0 平均约为 0.022625MPa/m；G_M（若盐水密度为 1.074g/cm^3）为 0.010516MPa/m；

G_p 为 0.012104MPa/m。

五、压差

井底压差是井底压力 p_b 与地层压力 p_p 之差。其计算公式为：

$$\Delta p = p_\text{b} - p_\text{p} \tag{2-12}$$

当 $p_\text{b} \gg p_\text{p}$ 时，$\Delta p \gg 0$，井底为过平衡；

当 p_b 稍大于 p_p 时，Δp 稍大于 0，井底为近平衡；

当 $p_\text{b}=p_\text{p}$ 时，$\Delta p=0$，井底压力与地层压力相平衡；

当 $p_\text{b}<p_\text{p}$ 时，$\Delta p<0$，井底为欠平衡，出现负压差。

对压差的正确描述如下：

（1）只要井内是零压差或适当的负压差，钻井液对产层就无伤害。

（2）过大的负压差对产层有伤害。

（3）只要井内是正压差，钻井液对产层就有伤害，而且正压差越大，伤害越严重。

（4）压差是衡量钻井液对产层伤害程度的参数之一。

（5）钻井液对产层的伤害除了压差的大小以外，还要从钻井液的化学成分是否与产层相匹配来衡量。

（6）过大的负压差会造成井喷、垮塌、地层大量出砂、外力挤坏套管等。

（7）过大的正压差会造成井漏、压持效应、压差卡钻、产层伤害、内胀坏套管等。

六、安全附加值

在近平衡压力钻进中，钻井液密度的确定，以地层压力为基准，再增加一个安全附加值，以保证作业安全。因为在起钻时，由于抽汲压力的影响会使井底压力降低，而降低上提钻柱的速度等措施只能减小抽汲压力，但不能消除抽汲压力。因此，需要给钻井液密度附加一个安全值来抵消抽汲压力等因素对井底压力的影响。

附加方式主要有以下两种：

（1）按密度附加，其安全附加值为：油水井取 $0.05\sim0.10\text{g/cm}^3$；气井取 $0.07\sim0.15\text{g/cm}^3$。

（2）按压力附加，其安全附加值为：油水井取 $1.5\sim3.5$MPa；气井取 $3.0\sim5.0$MPa。

具体选择安全附加值时，应根据实际情况综合考虑地层压力预测精度、地层的埋藏深度、地层流体中硫化氢的含量、地应力和地层破裂压力、井控装置配套情况等因素，在规定范围内合理选择。

第二节 各种压力现场试验

一、地层破裂压力现场试验

（一）地层破裂压力现场试验的目的

（1）确定最大允许使用钻井液密度。
（2）实测地层破裂压力。
（3）确定关井最高套管压力。

（二）地层破裂压力现场试验的步骤

（1）井眼准备：钻开套管鞋以下第一个砂层后，循环钻井液，使钻井液密度均匀稳定。
（2）上提钻具，关封井器。
（3）以小排量，一般以 0.8～1.32L/s 的排量缓慢向井内灌入钻井液。
（4）记录不同时间的注入量和立管压力。
（5）一直注到井内压力不再升高并有下降（地层已经破裂漏失），停泵，记录数据后，从节流阀泄压。
（6）从直角坐标内做出注入量和立管压力的关系曲线，如图 2-9 所示。进行地层破裂压力试验时，要注意确定以下几个压力值。

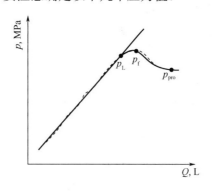

图 2-9 破裂压力试验 p-Q 图

① 漏失压力（p_L）：试验曲线偏离直线的点。此时井内钻井液开始向地层少

量漏失。习惯上以此值作为确定井控作业的关井压力依据。

② 破裂压力（p_f）：试验曲线的最高点。反映了井内压力克服地层的强度使其破裂，形成裂缝，钻井液向裂缝中漏失，其后压力将下降。

③ 延伸压力（p_{pro}）：压力趋于平缓的点。它使裂缝向远处扩展延伸。

④ 瞬时停泵压力（p_s）：当裂缝延伸到离开井壁压力集中区，即 6 倍井眼半径以远时（估计从破裂点起约历时 1min），进行瞬时停泵。记录下停泵时的压力 p_s，此时裂缝仍开启，p_s 应与垂直于裂缝的最小地应力值相平衡。此后，由于停泵时间的延长，钻井液向裂缝两壁渗滤，液压下降。由于地应力的作用，裂缝将闭合。

⑤ 裂缝重张压力（p_r）：瞬时停泵后重新启动泵，使闭合的裂缝重新张开。由于张开闭合裂缝时不再需要克服岩石的抗拉强度，因此可以认为地层的抗拉强度等于破裂压力与重张压力之差。

上述记录的压力值为井口压力。为了计算地层实际的漏失压力或破裂压力还需加上井内钻井液的静液压力。

另外，在直井与定向井中对同一地层所做的破裂压力试验所得到的数据不能互换使用。当套管鞋以下第一层为脆性岩层时，如砾岩、裂缝发育的石灰岩等，只对其做极限压力试验，而不做破裂压力试验，因为脆性岩层做破裂压力试验时在其开裂前变形很小，一旦被压裂则承压能力会显著下降。极限压力试验要根据下部地层钻进将采用的最大钻井液密度及溢流关井和压井时，对该地层承压能力的要求决定。试验方法同破裂压力试验一样，但只试到极限压力为止。

（7）确定最大允许钻井液密度 ρ_{max}。

表层套管以下：$\rho_{max}=\rho_{mf}-0.06g/cm^3$。

技术套管以下：$\rho_{max}=\rho_{mf}-0.12g/cm^3$。

（8）确定最大允许关井套管压力。

最大允许关井套管压力与井内钻井液密度的关系如图 2-10 所示。

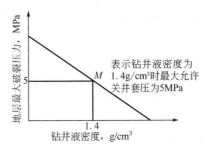

图 2-10　最大允许关井套管压力与井内钻井液密度的关系

（三）地层破裂压力现场试验的注意事项

（1）试验压力不应超过地面设备、套管的承压能力。

（2）在钻进几天后进行液压试验时，可能由于岩屑堵塞了岩石孔隙，导致试验压力很高，这是假象，应注意。

（3）液压试验只适用于砂岩、页岩为主的地区，对于石灰岩、白云岩等地层的液压试验尚待解决。

（4）在现场做破裂压力试验时求出漏失压力即可。

（5）最好用水泥车或试压泵做破裂压力试验。

[**例 2-4**] 某井套管鞋以下第一个砂层井深 3048m，井内钻井液密度 ρ_m 为 1.34g/cm³，破裂压力试验时取得以下试验数据（表 2-1），求做漏失曲线。

表 2-1   液压试验数据

泵入量，L	15	23	31	39	47	55	63
立管压力，MPa	0.31	0.87	1.61	2.46	3.30	4.14	4.99
泵入量，L	71	79	87	95	104	109	117
立管压力，MPa	5.83	6.67	6.96	7.10	6	6	6

解：所做漏失曲线如图 2-11 所示。

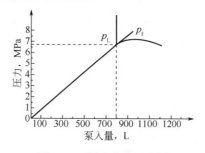

图 2-11   漏失曲线示意图

[**例 2-5**] 某井套管鞋以下第一个砂层井深 2000m，钻井液密度为 1.45g/cm³，当做破裂压力试验时，套管压力为 10MPa 时地层破裂。求：（1）井深 2000m 处地层破裂压力；（2）地层破裂压力梯度。

解：（1）p_f=0.098×1.45×2000+10=29+10 =39（MPa）。

（2）$G_f=p_f/H$=39/2000=0.0195（MPa/m）。

二、地层漏失压力现场试验

有些井只需进行地层漏失压力试验即可满足井控要求。试验方法同破裂压力试验类似。当钻至套管鞋以下第一个砂岩层时（或出套管鞋 3～5m），用水泥车进行试验。试验前确保井内钻井液性能均匀稳定，上提钻头至套管鞋内并关闭防喷器。试验时缓慢启动泵，以小排量（0.8～1.32L/s）向井内注入钻井液，每泵入 80L 钻井液（或压力上升 0.7MPa）后，停泵观察 5min。如果压力保持不变，则继续泵入，重复以上步骤，直到压力不上升或略降为止。

三、地层承压能力现场试验

在钻开高压油气层前，用钻开高压油气层的钻井液循环，观察上部裸眼地层是否能承受钻开高压油气层钻井液的液柱压力，若发生漏失则应堵漏后再钻开高压油气层，这就是地层承压能力试验。承压能力试验也可以采用分段试验的方式进行，即每钻进 100～200m，就用钻进下部地层的钻井液循环试压一次。地层承压能力现场试验常采用地面加回压的方式进行，就是把高压油气层或下部地层将要使用的钻井液密度与当前井内钻井液密度的差值折算成井口压力，通过井口憋压的方法检验裸眼地层的承压能力。由于井口憋压的方式是在井内钻井液静止的情况下进行的，所以试验时要考虑给钻井液密度差附加一个系数，即循环压耗，以确保在提高密度后，循环的情况下也不会发生漏失。

第三节　地层压力

一、地层压力的定义

地层压力是指作用在地层孔隙中流体上的压力，也称地层孔隙压力。其计算公式为：

$$p_p = 0.00981 \rho_p H \tag{2-13}$$

式中　p_p——地层压力，MPa；

ρ_p——地层压力当量钻井液密度，g/cm³；

H——地层垂直高度，m。

在钻井时，钻井液柱压力的下限要保持与地层压力相平衡，既不伤害油气层，又能提高钻速，实现压力控制。

二、地层压力的表示方法

（1）用压力的单位表示。这是一种直接表示法，如某油田某区块地层 1000m 处地层压力是 10MPa。这种表示方法一定要指明地层深度。

（2）用压力梯度表示。提到某点的压力时，可以说该点的压力梯度，而不直接说该点的压力。其好处或方便之处是在对比不同深度地层中的压力时，可消除深度的影响。而该点的压力只要把梯度乘上深度即可得到。

（3）用当量钻井液密度表示。

将井内某一位置所受各种压力之和（静液压力、回压、环空压力损失等）折算成钻井液密度，称为这一点的当量钻井液密度。其计算公式为：

$$\rho_e = \frac{p}{0.00981H} \qquad (2-14)$$

把地层压力折算成钻井液密度，称为地层压力当量钻井液密度。其计算公式为：

$$\rho_p = \frac{p_p}{0.00981H} = 0.00981G_p \qquad (2-15)$$

式中　　p_p——地层压力，MPa；

　　　　ρ_p——地层压力当量密度，g/cm^3；

　　　　H——地层垂直高度，m；

　　　　G_p——地层压力梯度，MPa/m。

这个压力表示方法，与压力梯度类似，也可以在对比不同深度压力时消除深度带来的不便。钻井时可用钻井液密度的对比表示压力的对比，非常直观方便。

（4）用压力系数表示：压力系数是某点压力与该点水柱压力之比，无量纲。其数值等于该点的当量钻井液密度。我国现场人员常说某井深处的压力系数是多少，实际仍是当量钻井液密度，只不过去掉了密度量纲，只言其数值罢了。

$$K = \frac{p_p}{p_水} = \frac{0.00981\rho_p H}{0.00981\rho_水 H} = \frac{\rho_p}{\rho_水} = \rho_p \text{（去掉单位）} \qquad (2-16)$$

式中　　p_p——地层压力，MPa；

　　　　ρ_p——地层压力当量钻井液密度，g/cm^3；

　　　　H——地层垂直高度，m；

　　　　$p_水$——淡水柱压力，MPa；

　　　　$\rho_水$——淡水柱压力当量密度，g/cm^3。

由于压力表示方法的不同，对于某一压力可能有不同的叫法，但却是说的同一个压力。例如，2000m 处的压力是 23.544MPa，也可说压力梯度是 0.01177MPa/m，也可说当量钻井液密度是 $1.208/cm^3$，或说压力系数是 1.208。

［**例 2-6**］已知地层液体密度为 $1.20g/cm^3$，试求垂直深度为 2000m 处的地层

压力、地层压力梯度、地层压力当量钻井液密度、地层压力系数。

解： 地层压力 $p_p = 0.00981\rho_m H = 0.00981 \times 1.20 \times 2000 = 23.52$（MPa）。

地层压力梯度 $G = 0.00981\rho_m = 0.00981 \times 1.20 = 0.01176$（MPa/m）。

地层压力当量钻井液密度 $\rho_e = \rho_p = 1.20$（g/cm³）。

地层压力系数 $K = 1.20$。

三、地层压力的分类

地层压力正常或者接近正常静液压力,则地层内的流体必须一直与地面连通。这种通道常常被封闭层或隔层截断。在这种情况下，隔层下部的流体必须支撑上部岩层。岩石重于地层水，所以地层压力可能超过静液压力。我们称这种地层为异常压力地层，或超压地层，如图 2-12 所示。有些地层是异常低压的，即其压力低于盐水柱压力。这种情况发生于衰竭产层和大孔隙的老地层。在钻井过程中遇到的地层压力可分为三类。

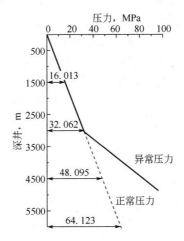

图 2-12　砂岩地层的正常和异常压力

（1）正常压力地层：地层压力当量密度 $\rho_p = 1.0 \sim 1.07$ g/cm³；压力梯度 $G_p = 0.00981 \sim 0.0104967$ MPa/m；压力系数 $K = 1.0 \sim 1.07$。

（2）异常高压地层：地层压力当量密度 $\rho_p > 1.07$ g/cm³；压力梯度 $G_p > 0.0104967$ MPa/m；压力系数 $K > 1.07$；高压层的压力当量密度可能高到 2.35 g/cm³，甚至更高。

（3）异常低压地层：地层压力当量密度 $\rho_p < 1.0$ g/cm³；压力梯度 $G_p < 0.00981$ MPa/m；压力系数 $K < 1.0$。低压层的压力当量密度可能低到 0.80 g/cm³，甚至更低。

异常低压层和异常高压层形成的原因很复杂，在此不进行讲述，但是，应该清楚地懂得，任何一种含油气的地质构造，都可能是异常高压层。

第四节　井底压力

在井筒内施工作业过程中，始终有压力作用于井底，主要来自于井筒内液体的静液压力。同时，将井筒内液体沿环空向上泵送时所消耗的泵压也作用于井底，即循环井筒内液体时的环空压耗。其他还有侵入井内的地层流体的压力、激动压力、抽汲压力、地面回压等。井底压力就是指地面和井内各种压力作用在井底的总压力。在不同作业情况下，井底压力是不一样的。掌握不同工况下井底压力的构成是实施井控作业的基础。

（1）静止状态时，井底压力=静液压力。静止状态下，井底压力主要由井筒内液体的静液压力构成，井筒内液体的静液压力主要受井筒内液体密度和井内液柱高度的影响。油气活跃的井，要注意井内流体长期静止时，地层中气体的扩散效应对井内流体密度的影响，最终有可能影响井底压力。另外，静止状态下，要监测井口液面，防止液柱高度下降影响井底压力。

（2）正常循环时，井底压力=静液压力+环空压耗。井内流体循环时，环空压耗会使井底压力增加，过大的循环压耗可能引起漏失；一旦停止循环，循环压耗突然消失会使井底压力下降，同样影响井内的压力平衡。

（3）节流循环时，井底压力=静液压力+环空压力损失+节流阀回压。节流循环除气或压井循环时，通过调节节流阀的不同开关程度，形成一定的井口回压，保持井底压力平衡地层压力。

（4）起钻时，井底压力=静液压力-抽汲压力-给井内未灌液体时液柱压力的下降值。由于抽汲压力的影响，起钻时的井底压力会下降，很多在正常钻进时井底压力能够平衡地层压力的井，而起钻时发生溢流。因此，起钻时要判断并注意减小抽汲压力的影响。

（5）下钻时，井底压力=静液压力+激动压力。由于激动压力的产生，使得下钻时的井底压力增大，虽不至于直接引发井控问题，但过大的激动压力可能导致漏失，致使静液压力下降，从而引发井控问题。所以，下钻时同样要做好井控工作。

（6）关井时，井底压力=静液压力+地面回压+气侵附加压力。发生溢流后需及时关井，形成足够的地面回压，使井底压力能够重新平衡地层压力。地面回压作用于井口设备和整个井筒，因此要求井口设备具有足够的承压能力和密封性，地面回压过高会破坏井筒的完好性，所以关井地面回压并不是越大越好，必须控制在最大允许关井压力值以内。

[例 2-7] 某定向井钻至井深 H=3820m，相应垂深 H_1=3210m，起钻前钻井液密度 ρ=1.46 g/cm^3，若起钻抽汲压力 $p_{抽}$ 为 1.57MPa，起钻未及时灌钻井液引起静液压力减小值 $p_{减}$ 为 0.3MPa，求起钻时井底压力 p_b。

解：p_b=0.00981ρH_1-$p_{抽}$-$p_{减}$=0.00981×1.46×3210-1.57-0.3=45.93-1.57-0.3=44.06（MPa）。

第五节　作业现场钻井液密度的确定

一、钻井液密度确定的基本原理

钻井过程中，做好井控工作的目的是防止地层液体侵入井内，为此需保持井底压力略大于地层压力。即实现近平衡钻井，这时的关键问题就是研究怎样最合理地确定钻井液密度。井眼的裸眼井段存在着地层孔隙压力（地层压力）p_p、钻井液柱压力 p_m 和地层破裂压力 p_f。三个压力体系必须满足以下条件：

$$p_f \geqslant p_m \geqslant p_p$$

即：

$$\rho_{ef} \geqslant \rho_{my} \geqslant \rho_{md} \tag{2-17}$$

式中　ρ_{ef}——井眼的裸眼井段地层破裂压力当量钻井液密度，g/cm^3；

ρ_{my}——井眼内钻井液密度，g/cm^3；

ρ_{md}——井眼的裸眼井段地层液体密度，g/cm^3。

钻井液密度的确定应以钻井资料显示最高地层压力系数或实测地层压力为基准，再加一个附加值。中国石油天然气集团公司对附加当量钻井液密度和附加压力值的规定如下：

（1）油水井为 0.05～0.1g/cm^3；气井为 0.07～0.15g/cm^3。

（2）油水井为 1.5～3.5MPa；气井为 3.0～5.0MPa。

具体选择附加值时应考虑地层孔隙压力大小、油气水层的埋藏深度、钻井时的钻井液密度、井控装置等。

所确定的钻井液密度还要考虑保护油气层、防止粘卡、满足井眼稳定的要求。为确保钻井过程中的施工安全，在各种作业中，均应使井底压力略大于地层压力，这样可达到近平衡钻井和保护油气层的目的。

但是，怎样最合理地确定钻井液密度，各种材料上介绍了多种方法，这些方法如何使用，往往使大家无从着手，各种方法计算结果差异又较大，本节对此问题进行分析。

二、钻井液密度的确定方法

（一）常规钻井液密度的确定方法

1. 附加当量钻井液密度计算法

根据 SY/T 6426—2005《钻井井控技术规程》的规定可知：

$$\rho_{my} = \rho_p + \rho_e \tag{2-18}$$

又因为：

$$\rho_p = \frac{102p_p}{H}$$

$$p_p = 0.0098\rho_{md}H$$

所以：

$$\rho_{my} = \rho_{md} + \rho_e \tag{2-19}$$

式中　H——油层中部深度，m；

　　　p_p——地层压力，MPa；

　　　ρ_{md}——地层液体密度，g/cm³，一般为 1.00～1.07g/cm³；

　　　ρ_p——地层压力当量钻井液密度，g/cm³；

　　　ρ_e——附加当量钻井液密度，g/cm³，油水井为 0.05～0.1g/cm³，气井为 0.07～0.15g/cm³。

2. 压力倍数计算法

$$\rho_{my} = \frac{102Kp_p}{H}$$

又因为：

$$p_p = 0.0098\rho_{md}H$$

所以：

$$\rho_{my} = 0.9996K\rho_{md} \tag{2-20}$$

式中　K——附加系数，对于一般作业，$K=1.00～1.15$；对于修井作业，$K=1.15～1.30$。

3. 附加压力计算法

$$\rho_{my} = \frac{102(p_p + p_e)}{H} \tag{2-21}$$

式中　p_e——附加压力，油水井为 1.5~3.5MPa，气井为 3.0~5.0MPa。

4. 钻井液相对密度计算法

压井管住深度不超过油层中部深度时，钻井液密度计算公式为：

$$\rho_{my} = \frac{102[p_p + p_e - G_p(H - h)]}{h} \tag{2-22}$$

式中　h——实际压井深度，m；

H——油层中部深度，m；

G_p——地层压力梯度，MPa/m。

（二）根据实测地层压力确定

根据实测地层压力理论计算公式可知：

$$\rho_{my} = \frac{102 p_p}{H} + \rho_e \tag{2-23}$$

其中：

$$p_p = 0.0098 \rho_{md} H$$

代入式（2-23）得：

$$\rho_{my} = \rho_{md} + \rho_e \tag{2-24}$$

式中　p_p——地层压力，MPa；

ρ_{my}——钻井液密度，g/cm^3；

ρ_{md}——地层液体密度，g/cm^3；

H——地层深度，m。

（三）根据实测溢流关井立管压力确定

根据钻井过程中发生溢流时关井立管压力确定钻井液密度公式为（考虑附加密度）：

$$\rho_{my} = \rho_m + \frac{102 p_{gl}}{H} + \rho_e \tag{2-25}$$

式中　ρ_m——井筒内原来液体的密度，g/cm^3；

p_{gl}——发生溢流后的关井立管压力，MPa。

（四）根据起钻时的井底压力确定

在钻井或者井下作业的所有工况中，起钻时的井底压力最低，如果在起钻时能够保证井口不发生溢流，这时的井内钻井液密度应当是安全的。起钻时的井底压力为：

$$p_b = p_h - p_{sb} - p_{dp}$$

因此考虑到附加密度，钻井液密度为：

$$\rho_{my} = \frac{102(p_h - p_{sb} - p_{dp})}{H} + \rho_e \qquad (2\text{-}26)$$

式中　p_h——井内液柱压力，MPa；

　　　　p_{sb}——起钻抽汲压力，MPa；

　　　　p_{dp}——起钻未灌液体井底压力的减小值，MPa。

三、钻井液密度计算过程中几个问题的讨论

（一）附加密度和附加压力的关系

许多人把附加密度和附加压力认为是等同的关系，这是认识上的误区，实际上，到底采用附加密度法好还是采用附加压力密度法好，要根据具体情况来定。

图 2-13 所示是井深与附加压差关系图，图 2-14 所示是压差为 3MPa、5MPa 时井深与钻井液密度附加值的关系曲线。

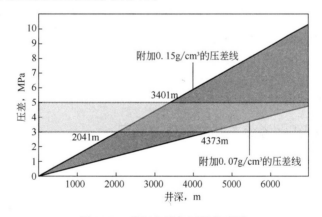

图 2-13　井深与附加压差关系图

从这两个图可以看出，采取当量密度附加法，气井为 0.07～0.15g/cm³。对于浅井此法确定的钻井液密度值小，安全底线是钻井液密度足以平衡环空压耗和起钻抽汲的共同作用，保证起下钻安全。

采取井底压差附加法，按气井井底压差 3.0～5.0MPa 确定当量密度。这种方法对于浅井设计出的钻井液密度值大，足以抵消环空压耗和上提钻具的抽汲力。但是，要防止钻井液密度过大压漏地层，造成先漏后喷。

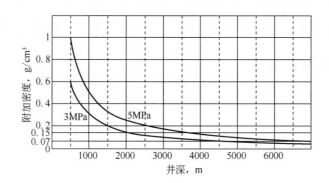

图 2-14　压差为 3MPa、5MPa 时井深与钻井液密度附加值的关系曲线

（二）常规法计算钻井液密度应考虑的问题

常规法计算钻井液密度的四个公式中，参数附加当量密度 ρ_e、附加系数 K、附加压力 p_e 都有一个取值范围，在这个取值范围中如何取值要遵循以下五个原则，否则对钻井液密度计算也有很大影响。

（1）油气井能量的大小：产能大则多取，产能小则少取。

（2）油气水井生产状况：气油比高的井多取，低的井少取；注水开发见效的井多取，反之少取。

（3）油气井修井施工内容、难易程度与时间长短：作业难度大、时间长的井多取，反之少取。

（4）井身结构：大套管多取，小套管少取。

（5）井深：井深多取，井浅少取。

第六节　油气上窜速度实用计算方法

当油气层压力大于钻井液柱压力时，在压差作用下，油气进入钻井液并向上流动，这就是油气上窜现象。

在单位时间内油气上窜的距离称油气上窜速度。

油气上窜速度是衡量井下油气活跃程度的标志。油气上窜速度越大，油气层能量越大。如果井底油气活跃，钻井液静止时间长，油气柱越来越长，当达到一定长度后，钻井液柱压力就会远低于油气层压力，严重时就会发生井喷。所以，在现场工作中准确计算油气上窜速度具有重要意义，是做到油井压而不死、活而不喷的依据。

油气上窜速度的计算方法一般有两种：迟到时间法和体积法。体积法受井眼环空体积的影响较大，在实际应用中误差较大，准确计算时应用较少。目前现场一般采用迟到时间法，通过气测录井的后效测量资料来计算油气上窜速度。

一、迟到时间法

运用迟到时间法计算油气上窜速度的公式为：

$$v = \frac{H_{油} - \dfrac{H_{钻头}}{t_{迟}} t}{t_{静}}$$ （2-27）

式中 t——从开始循环到见油气显示的时间，min；

v——油气上窜速度，m/h；

$H_{油}$——油气层深度，m；

$H_{钻头}$——循环钻井液时钻头所在深度，m；

$t_{迟}$——钻头所在深度迟到时间，h；

$t_{静}$——从停泵起钻至本次开泵的总静止时间，h。

迟到时间的确定有实测法和理论法两种。

（一）实测法

$$t_{迟} = t_{循环} - t_{下行}$$ （2-28）

$$t_{下行} = \frac{V_1 + V_2}{Q}$$ （2-29）

式中 $t_{迟}$——迟到时间，min；

$t_{循环}$——循环周时间，min；

$t_{下行}$——钻井液在钻具内下行时间，min；

V_1——钻杆内容积，m^3；

V_2——钻铤内容积，m^3；

Q——循环排量，m^3/min。

若在开泵循环至见油气显示的时间段内有停泵发生，就要从开泵循环至见油气显示的时间中减去停泵的时间，则公式变为：

$$v = \frac{H_{油} - \dfrac{t - t_{停}}{t_{迟}} H_{钻头}}{t_{静}}$$ （2-30）

式中 $t_{停}$——从最初开泵循环至见油气显示的时间段内的停泵时间，min。

[例2-8] 某井于8月25日17：00钻至井深3500m起钻，8月26日13：00下钻至井深3000m时开始循环，13：40钻井液见油气显示，已知油层深为2800m，

井深 3000m 的迟到时间为 50min，则油气上窜速度为多少？

$$\text{解：} v = \frac{2800 - \left(\dfrac{40}{50} \times 3000\right)}{20} = 20(\text{m}/\text{h})。$$

（二）理论法

$$t_{迟} = \frac{V}{Q} = \frac{\pi\left(D^2 - d^2\right)}{4Q}H \tag{2-31}$$

式中　V——井内环形空间容积，m^3；

　　　Q——循环排量，m^3/min；

　　　D——井眼直径，m；

　　　d——钻杆外径，m；

　　　H——井深，m。

迟到时间法比较接近实际情况，是现场常用的方法。

二、容积法

$$v = \frac{H_{油} - \dfrac{Q}{V_c}t}{t_{静}} \tag{2-32}$$

式中　t——从开始循环到见油气显示的时间，min；

　　　v——油气上窜速度，m/h；

　　　$H_{油}$——油气层深度，m；

　　　$t_{静}$——从停泵起钻至本次开泵的总静止时间，h；

　　　Q——钻井泵排量，L/h；

　　　V_c——井眼环空容积，L/m。

下钻过程中，多次循环钻井液时适合于用容积法计算上窜速度，但误差较大。

复习思考题

1. 解释静液压力、压力梯度、地层破裂压力、地层坍塌压力、地层漏失压力、激动压力、抽汲压力、环空压耗、上覆岩层压力、地层压力、压力系数、当量钻井液密度、井底压力、油气上窜速度。

2. 已知地层水的密度是 1.07 g/cm^3，则正常地层压力梯度为（　　　）MPa/m。

当量钻井液密度为（　　　）g/cm³。

3. 井深 2000m，钻井液密度为 1.25g/cm³，关井立管压力为 4MPa，则压井用的钻井液为（　　　）g/cm³。

4. 地层深度为 3500m，地层水密度为 1.05g/cm³，则地层压力为（　　　）MPa。

5. 某井在正常循环时钻井液密度 1.2g/cm³，垂直井深 3000m，环形空间压力损失 1.30MPa，则正常循环时井底压力为（　　　）MPa。

6. 井深 3200m，气层压力为 50MPa，则钻开气层所需的钻井液密度为（　　　）g/cm³。

7. 某井油层中部垂深 2850m，用密度为 1.35g/cm³ 钻井液压井，在起管柱过程中发现溢流后，立即关井，油管压力是 3.5MPa，求关井井底压力（重力加速度 g 取 9.8m/s²）。

8. 某井油层中部深 1350m，地层压力 14.5MPa，试用地层压力的另外三种表示方法描述地层压力的大小。

9. 某井垂直深度 3850m，油层 3650～3800m，中部地层压力为 43.5MPa，求地层压力当量钻井液密度为多少（重力加速度 g 取 9.8m/s²，计算结果保留两位小数）？

第三章　井控设计

《中国石油天然气集团公司石油与天然气钻井井控规定》:"井控设计是钻井地质和钻井工程设计的重要组成部分,井控设计是井控工艺、井控装置、井控规定和标准的集中体现和综合应用,是确保对油气井压力实现有效控制的源头和依据。它包括满足井控安全和环保要求的钻前工程及合理的井场布置、全井段的地层孔隙压力和地层破裂压力剖面、钻井液设计、合理的井身结构和井控装备设计、有关法规及应急计划等内容。

井控设计必须遵守以下原则:

(1)全过程控制。从开始到完钻整个过程中,不论进行任何作业都能进行控制。

(2)全面控制。对地层—井眼系统各个有关压力及整体压力系统都能进行控制。

(3)有效控制。不论是静态还是动态都能使整个压力系统保持平衡,而不能失控。

(4)合理控制。所选择的井控装置,既能有效控制油气的溢流和井喷,又有利于提高钻速,简化地面装置。

钻井井控设计的主要依据如下:

(1)以 SY/T 6426—2005《钻井井控技术规程》、《中国石油天然气集团公司石油与天然气钻井井控规定》、《钻井井控实施细则》为主的标准性文件;

(2)中国石油天然气集团公司下发的关于井控方面的规范、规定性文件;

(3)针对不同地区地质特点的各油田领导批示意见。

第一节　地质设计

一、地质设计的目的

钻井地质设计是地质录井、编制钻井工程设计、测算钻井工程费用等工作的基础,是降低油气勘探开发成本、保护油气层、提高投资效益的关键,是保证安全钻井、取全取准各项资料的指导书。钻井地质设计涉及面广，它的科学性、先进性、可操作性及准确性，将直接影响到地质资料的录取、整理和分析，而且影响到对油气层的识别和评价，最终影响到油气勘探开发的效果和进程。

二、地质设计的内容

（一）探井地质设计的主要内容

（1）基本数据：井号、井别、井位（井位坐标、井口地理位置、测线位置）、设计井深、钻探目的、完钻层位、完钻原则、目的层等。

（2）区域地质简介包括区域地层、构造及油气水情况、设计井钻探成果预测等。构造描述应包括构造展布、形态、走向；主断层的发育（走向、断距）及对次级断层的影响；次断层的分布特征及井区的断层发育状况。地层概况应首先描述探区内地层岩性、标准层、倾角及特征；然后叙述生、储油层的岩性、厚度、物性及流体特性。邻井的实钻情况描述包括地层分布、岩石电性及录井和试油。设计井应自上而下按地质时代描述岩性、厚度、产状、胶结程度及分层特征；断层、漏层、超压层、膏盐层及浅气层等特殊岩性段要进行详细描述。探井必须做地质风险分析，主要包括地层变化、构造形态和断层分布，同时，给钻井工程设计以提示。

（3）设计依据：设计所依据的任务书、资料、图解等。

（4）钻探目的：根据任务书分别说明主要钻探目的层、次要钻探目的层或是要查明的地层剖面、落实的构造。

（5）预测地层剖面及油气水层位置：邻井地层分层数据、设计井地层分层数据、设计井地层岩性简述、预测油气水层位置。

（6）地层孔隙压力预测和钻井液性能及使用要求：邻井地层测试成果、地震资料压力预测成果、邻井钻井液使用及油气水显示情况、邻井注水情况、设计井地层压力预测、设计井钻井液类型及性能要求。

（7）取资料要求：岩屑录井、钻时录井、气测或综合录井仪录井、地质循环观察、钻井液录井、氯离子含量分析、荧光录井、钻井取心、井壁取心、地球物理测井、岩石热解地化录井、选送样品要求、中途测试等。

（8）井身质量及井身结构要求：井身质量要求，套管结构，套管外径、钢级、壁厚、阻流环位置及水泥上返深度，定向井、侧钻井、水平井中靶要求（方位、位移、稳斜角、靶心半径等）。

（9）技术说明及故障提示：浅气层提示，工程施工方面的要求，保护油气层的要求，保证取全资料的要求，施工中可能发生的井漏、井喷等复杂情况等。在可能含硫化氢等有毒有害气体的地区钻井，地质设计应对其层位、埋藏深度及含量进行预测。

（10）地质设计明确试油层位和试油方法，提出试油要求。

（11）应根据不同勘探阶段和井区地表条件综合考虑确定弃井的方式和方法。

（12）地理及环境资料：气象、地形、地物资料。地质设计中应标注说明如煤矿等采掘矿井坑道的分布、走向、长度和距地表深度；江河、干渠周围钻井应标明河道、干渠的位置和走向等。

（13）附图附表：钻井地质设计文本中必须附全所有附图和附表，附图中应有详细标注，并符合有关技术标准或规范。

（14）设计的变更和施工计划的变更（包括施工工序、进度及非正常作业）应在设计文本中有明确的要求及批准程序。

（二）开发井钻井地质设计的主要内容

开发井地质设计根据钻探目的要求，参照探井的地质设计内容。

三、地质设计应考虑的井控因素

（1）地质设计书中所提供的井位必须符合以下条件：油气井井口距离高压线及其他永久性设施不小于 75m，距民宅不小于 100m，距铁路、高速公路不小于 200m，距学校、医院、油库、河流、水库、人口密集及高危场所等不小于 500m。若安全距离不能满足上述规定，油（气）田公司与管理（勘探）局主管部门应组织相关单位进行安全评估、环境评估，按其评估意见处置。

（2）进行地质设计前应对井场周围一定范围内的居民住宅、学校、厂矿（包括开采地下资源的矿业单位）、国防设施、高压电线、水资源情况和风向变化等进行勘察和调查，并在地质设计中标注说明；特别需标注清楚诸如煤矿等采掘矿井坑道的分布、走向、长度和距地表深度；江河、干渠周围钻井应标明河道、干渠的位置和走向等。

（3）地质设计书应根据物探资料及本构造邻近井和相邻构造的钻探情况，提供本井全井段地层孔隙压力、地层破裂压力（裂缝性碳酸盐岩地层可不作地层破裂压力曲线，但应提供邻近已钻井地层承压检验资料）和坍塌压力剖面、浅气层资料、油气水显示和复杂情况。

（4）在已开发调整区钻井，地质设计书中应明确提供注水、注气（汽）井分布及注水、注气（汽）情况，提供分层动态压力数据。钻开油气层之前应采取停注、泄压等措施，直到相应层位套管固井候凝完为止。

（5）在可能含硫化氢等有毒有害气体的地区钻井，地质设计应对其层位、埋藏深度及硫化氢等有毒有害气体的含量进行预测。

第二节　工程设计

钻井工程是一个多学科、多工种的系统工程。钻井工程设计是以现代钻井工艺理论为准则，采用新的研究成果，以现代计算技术用最优化科学理论去设计和规划钻井工程中的工艺技术及实施措施。

一、工程设计的目的

钻井是油气勘探与开发的重要环节，是实现地质目的和产能建设的必要手段。钻井工程设计的目的是确保油气钻井工程顺利实施和质量控制，实现安全、优质、高速和经济钻井，顺利完成地质钻探目的，开发并保护油气资源，并为钻井工程提供预算的依据。

钻井队必须遵循钻井工程设计施工，不能随意变动，如因井下情况变化，原设计确需变更时，必须提交有关部门重新讨论研究。因此，钻井工程设计的科学性、先进性、经济性、安全性和可操作性对钻井工程作业的成败和油气勘探与生产的效益起着十分关键的作用。

二、工程设计的内容

钻井工程设计的任务是根据地质部门提供的地质设计书内容，进行一口井施工工程参数及技术措施设计，并给出钻井进度预测和成本预算。

钻井工程设计应包括以下方面的内容：

（1）地面井位选择应考虑水资源、井场道路、钻井液池位置及井场施工条件等因素。

（2）钻机选择与井身结构的确定应考虑是否有浅气层，是否有喷、漏层在同一裸眼井段。

（3）钻头尺寸类型的选择与数量的确定。

（4）钻柱设计与下部钻具组合。

（5）钻井参数设计。

（6）钻井液设计。

（7）固井设计，包括套管柱设计数据、套管柱强度设计图示、注水泥设计及固井要求。

（8）油气井井控装备及防止井喷、井喷失控工艺技术措施。

（9）油气井固控设备要求。

（10）地层孔隙压力监测。

（11）地层漏失试验要求（新探区第一口探井必须进行地层漏失试验）。

（12）防止油气层伤害要求。

（13）环境保护要求。

（14）安全生产要求，包括防止有毒有害气体对人员的伤害等。

（15）钻井施工进度计划。

（16）全井成本预算。

三、工程设计中有关井控的要求

由于溢流和井喷可能发生在钻井中的各个阶段，因此在钻井工程设计中必须全面考虑，避免溢流和井喷的发生。一旦发生溢流和井喷，要有能控制井内流体的手段，以恢复钻井工作正常进行。因此在钻井工程设计中更应注意以下与井控工作有关的问题。

（1）工程设计书应根据地质设计提供的资料进行钻井液设计，钻井液密度以各裸眼井段中的最高地层孔隙压力当量钻井液密度值为基准，另加一个安全附加值：油水井为 $0.5 \sim 0.10 \mathrm{g/cm^3}$ 或增加井底压差 $1.5 \sim 3.5 \mathrm{MPa}$；气井为 $0.07 \sim 0.15 \mathrm{g/cm^3}$ 或增加井底压差 $3.0 \sim 5.0 \mathrm{MPa}$。具体选择钻井液密度安全附加值时，应考虑地层孔隙压力预测精度、油气水层的埋藏深度及预测油气水层的产能、地层油气中硫化氢含量、地应力、地层坍塌压力和破裂压力、井控装备配套情况等因素。含硫化氢等有害气体的油气井钻井液密度设计，其安全附加值应取最大值。

（2）工程设计书应根据地层孔隙压力梯度、地层破裂压力梯度、坍塌压力梯度、岩性剖面及保护油气层的需要，设计合理的井身结构和套管程序，并满足如下要求：

① 探井、超深井、复杂井的井身结构应充分考虑不可预测因素，留有一层备用套管。

② 在井身结构设计中，同一裸眼井段中原则上不应有两个以上压力梯度相差大的油气水层。

③ 在矿产采掘区钻井，井筒与采掘坑道、矿井坑道之间的距离不少于 100m，套管下深应封住开采层并超过开采段 100m。

④ 套管下深要考虑下部钻井最高钻井液密度和溢流关井时的井口安全关井余量。

⑤ 含硫化氢、二氧化碳等有害气体和高压气井的油层套管、有害气体含量较高的复杂井技术套管，其材质和螺纹应符合相应的技术要求，且水泥必须返到地面。

（3）工程设计书应明确每层套管固井开钻后，按 SY/T 5623—2009《地层压力预（监）测方法》要求，测定套管鞋下第一个砂岩层的破裂压力。

（4）工程设计书应明确钻井必须装防喷器，并按井控装置配套要求进行设计。

（5）工程设计书应明确井控装置的配套标准：

① 防喷器压力等级应与裸眼井段中最高地层压力相匹配，并根据不同的井下情况选用各次开钻防喷器的尺寸系列和组合形式。

② 节流管汇的压力等级和组合形式应与全井防喷器最高压力等级相匹配。

③ 压井管汇的压力等级和连接形式应与全井防喷器最高压力等级相匹配。

④ 绘制各次开钻井口装置及井控管汇安装示意图，并提出相应的安装、试压要求。

⑤ 有抗硫要求的井口装置及井控管汇应符合 SY/T 5087—2017《硫化氢环境钻井场所作业安全规范》中的相应规定。

（6）工程设计书应明确钻具内防喷工具、井控监测仪器仪表、钻具旁通阀及钻井液处理装置和灌注装置应根据各油气田的具体情况配齐，以满足井控技术的要求。

（7）根据地层流体中硫化氢和二氧化碳等有毒有害气体含量及完井后最大关井压力值，并考虑能满足进一步采取增产措施和后期注水、修井作业的需要，工程设计书应按照相关标准明确选择完井井口装置的型号、压力等级和尺寸系列。

（8）钻井工程设计书中应明确钻开油气层前加重钻井液和加重材料的储备量，以及油气井压力控制的主要技术措施，包括浅气层的井控技术措施。

（9）钻井工程设计书应明确欠平衡钻井应在地层情况等条件具备的井中进行。含硫油气层或上部裸眼井段地层中的硫化氢含量大于 SY/T 5087—2017《硫化氢环境钻井场所作业安全规范》中对含硫油气井的规定标准时，不能开展欠平衡钻井。欠平衡钻井施工设计书中必须制定确保井口装置安全、防止井喷失控或着火以及防硫化氢等有害气体伤害的安全措施及井控应急预案。

（10）钻井工程设计书应明确对探井、预探井、资料井应采用地层压力随钻预（监）测技术；绘制本井预测地层压力梯度曲线、设计钻井液密度曲线、dc 指数随钻监测地层压力梯度曲线和实际钻井液密度曲线，根据监测和实钻结果，及时调整钻井液密度。

第三节　测井工程设计

一、测井设计的原则

（1）测井设计的编制应在钻井地质设计的基础上并参考钻井工程设计进行，

同时要遵守国家及当地政府有关法律、法规、条例。

（2）测井设计的编制要针对地质目标的地质特点和要解决的地质、工程问题选择适用、先进、经济、安全的测井系列和测井项目，以解决地质、工程问题为设计目标。

（3）所有井都要做测井设计，探井和重点评价井按单井设计。

（4）测井系列的选择要考虑区块测井项目的完整性和一致性，原则上一次测井不超过两种测井系列。

（5）测井设计时，各油气田公司可根据具体情况在保留设计内容和格式完整的基础上增加设计内容。

（6）因工程、地质等因素确需变更测井设计时，由设计单位修正、主管领导批准后实施。

二、测井设计的内容

（一）基本内容

（1）井位基础数据：包括设计的井名、井别、井型、地面海拔、设计井深、完钻层位、地理位置、构造位置及井位坐标，见表3-1。

表3-1　井位基础数据表

井名		井别		井型	
地面海拔，m		设计井深，m		完钻层位	
地理位置					
构造位置					
井位坐标	纵坐标 x			横坐标 y	

（2）钻探目的及层位。

（3）钻遇地层信息：包括地层、岩性、含油性等预测信息，见表3-2。

表3-2　钻遇地层信息表

地层		底深，m	厚度，m	岩性及含油性	备注
层系	代号				

（4）邻井相关信息：包括邻井油气显示信息、钻井及测井异常情况、温度及压力资料、测井项目及其适应性评价成果、测井系列及其适应性评价成果、测井解释及试油成果等，见表 3-3。

表 3-3　邻井相关信息表

井号	测井日期	测井项目	测井系列	备注

（5）井身结构及钻井液参数：包括设计的钻头程序、套管程序、钻井液参数及水泥返高，见表 3-4。

表 3-4　井身结构及钻井液参数表

钻井程序	钻头尺寸/钻深 mm/m	套管尺寸/下深 mm/m	水泥返高 m	钻井液密度 g/cm³	钻井液矿化度 mg/L

（6）需求分析及设计论证。

① 地质、工程需求及测井条件分析。

② 测井需求、项目组合、质量及时效要求分析。

③ 测井程序、测井项目、测井系列及作业方式论证。

（二）测井资料采集

（1）项目设计：包括测井项目以及地质、工程条件变化时的应急测井项目选择预案。

（2）系列设计：包括测井系列及地质、工程条件变化时的应急测井系列选择预案，见表 3-5。

表 3-5　测井项目/系列设计表

测井程序	测量井段，m	测井项目	测井系列	备注
第一次	100～2000			
	目的层层段			
第二次				

注：测井项目包括双侧向、自然伽马、自然电位、DSI、FMI、MTD 等；测井系列包括 ECLIPS-5700、
　　CSU、MAXIS-500 等。

（3）测井环境要求：主要包括对井眼尺寸、井眼轨迹、钻井液矿化度、加重材料及其他填加材料的性能要求，并对达不到环境要求、可能产生的测井质量及施工问题进行提示。

（4）测井施工设计：主要包括测井作业方式、特殊测井项目的测量模式及测量参数设计。

（三）测井资料处理与解释

（1）资料预处理：设计测井预处理的项目、方法，提出质量要求。

（2）资料处理：执行 SY/T 5360—2004《裸眼井单井测井数据处理流程》、SY/T 6488—2000《电、声成像测井资料处理解释规范》、SY/T 5691—2012《采油生产管理数据项名称规范》；对上述标准未涵盖的内容可提出处理要求，在特殊情况下可指定处理方法或处理软件。

（3）综合解释：执行 SY/T 6488—2000、SY/T 5691—2012、SY/T 6592—2016《固井质量评价方法》。报告编写执行 SY/T 5945—2016《测井解释报告编写规范》。

（四）质量控制

常规测井执行 SY/T 5132—2012《石油测井原始资料质量规范》。

特殊项目执行 SY/T 6594.1—2004《电、声成像测井作业质量监控规范　第 1 部分：测井仪刻度》或仪器出厂标准，也可根据地质需求或仪器参数提高质量要求。

（五）HSE 要求

执行 SY/T 5726—2011《石油测井作业安全规范》、SY/T 5600—2016《石油电缆测井作业技术规范》、SY/T 5692—2016《电缆式地层测试器作业技术规范》、SY/T 5361—2014《电缆测井仪器打捞技术规范》和中国石油天然气股份有限公司相关的 HSE 标准。

第四节　地层压力剖面

按照地质设计，应根据物探资料及本构造邻近井和邻构造的钻探情况，提供本井全井段预测地层压力和地层破裂压力的要求，必须建立本井全井段的地层压力剖面。

一、地层压力剖面的确定

为了精确地掌握井内各层段的预计地层压力，可以采用以下五种方法建立地层压力曲线：

（1）邻近井的钻井井史和钻井液密度。

（2）综合录井资料。

（3）邻近井的电测资料解释评价。

（4）邻近井的 dc 指数曲线。

（5）所在地区地震波传播时间。

（一）邻近井的钻井井史和钻井液密度

邻井钻井液密度使用记录是地质工程设计的重要参考。钻井过程中所发生的任何井下问题如井涌、井漏、压差卡钻等都会在钻井井史中进行记录和描述，对于设计以及在钻井中可能遇到的复杂情况有着重要的提示作用。另外，井史中还列出了套管资料、钻头记录等资料，对地质工程设计的制定均有重要参考价值。为了减少复杂情况，在那些易出现故障的页岩（裂缝的、脆性的）层段，钻井液密度使用可能偏高。因此从钻井液记录与钻井井史中所得的资料需要进行分析修正，特别是对于有断层与坍塌等的地层。

（二）综合录井资料、电测资料、dc 指数、S 曲线及地震波传播时间评价

除综合录井资料、dc 指数或 S 曲线等方法外，用于预测地层压力的电测方法有：

（1）电导率。

（2）声波测井。

（3）密度测井。

（4）孔隙度测井。

在没有邻近井做参考的地区，就必须通过地震数据，将地震波在层段的传播时间分析解释以后，用层段地震波传播速度标定地层孔隙压力梯度或当量钻井液密度。

选用以上方法，作出如图 3-1 所示的地层压力剖面。

二、地层破裂压力的确定

在钻井施工中，钻井液密度必须满足平衡地层压力的要求，但是，过高的钻井液密度会使较弱的地层产生裂缝，造成井漏或地表窜通。除导致钻井液损失外，还会降低井内的液柱压力，形成井喷的条件，合理的钻井液密度应该是略大于（平衡）地层压力，大于坍塌压力，但小于破裂压力、漏失压力。

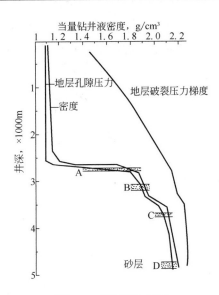

图 3-1 地层压力剖面

因此，在预测地层孔隙压力的同时，还应预测全井段的地层破裂压力，并一同画在地层压力剖面上。

（一）地层破裂压力试验

地层破裂压力试验是为了确定套管鞋处地层的破裂压力，新区第一口探井、有浅气层分布的探井或生产井，必须进行地层破裂压力试验。试验方法如下：

（1）关闭环形空间。

（2）用水泥车以低速（0.8～1.32L/s）缓慢地启动泵向井内注入钻井液。

（3）记录各个时间的泵入量和相应的井口压力。

（4）作出以井口压力与泵入量为坐标的试验曲线，如泵速不变，也可作出井口压力和泵入时间的关系曲线。

进行地层破裂压力试验时，要注意确定以下几个压力值：

（1）漏失压力（p_1）：试验曲线偏离直线的点。此时井内钻井液开始向地层少量漏失。习惯上以此值作为确定井控作业的关井压力依据，如图 3-2 所示。

（2）破裂压力（p_f）：试验曲线的最高点。反映了井内压力克服地层的强度使其破裂，形成裂缝，钻井液向裂缝中漏失，其后压力将下降。

（3）延伸压力（p_{pro}）：压力趋于平缓的点，它使裂缝向远处扩展延伸。

（4）瞬时停泵压力（p_s）：当裂缝延伸到离开井壁压力集中区，即 6 倍井眼半径以远时（估计从破裂点起约历时 1min），进行瞬时停泵。记录下停泵时的压力

p_s，此时裂缝仍开启，p_s 应与垂直于裂缝的最小地应力值相平衡。此后，随停泵时间的延长、钻井液向裂缝的渗滤，液压下降。由于地应力的作用，裂缝将闭合。

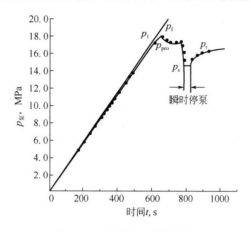

图 3-2　破裂压力试验曲线

（5）裂缝重张压力（p_r）：瞬时停泵后重新启动泵，使闭合的裂缝重新张开。由于张开闭合裂缝时不再需要克服岩石的抗拉强度，因此可以认为地层的抗拉强度等于破裂压力与重张压力之差。

上述记录的压力值为井口压力。为了计算地层实际的漏失压力或破裂压力还需加上井内钻井液的静液压力。

另外，在直井与定向井中对同一地层所做的破裂压力试验所得到的数据不能互换使用。当套管鞋以下第一层为脆性岩层时，如砾岩、裂缝发育的石灰岩等，只对其做极限压力试验，而不做破裂压力试验，因为脆性岩层做破裂压力试验时在其开裂前变形很小，一旦被压裂则承压能力会显著下降。极限压力试验要根据下部地层钻进将采用的最大钻井液密度及溢流关井和压井时，对该地层承压能力的要求决定。试验方法同破裂压力试验一样，但只试到极限压力为止，如图 3-3 所示。

（二）地层漏失压力试验

有些井只需进行地层漏失压力试验即可满足井控要求，其试验方法同破裂压力试验类似。

当钻至套管鞋以下第一个砂岩层时（或出套管鞋 3～5m），用水泥车进行试验。试验前确保井内钻井液性能均匀稳定，上提钻头至套管鞋内并关闭防喷器。试验时缓慢启动泵，以小排量（0.8～1.32L/s）向井内注入钻井液，每泵入 80L 钻井液（或压力上升 0.7MPa）后，停泵观察 5min。如果压力保持不变，则继续泵入，重复以上步骤，直到压力不上升或略降为止，如图 3-4 所示。

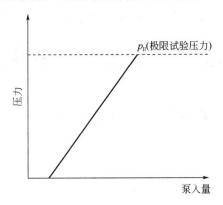

图 3-3　破裂压力试验曲线

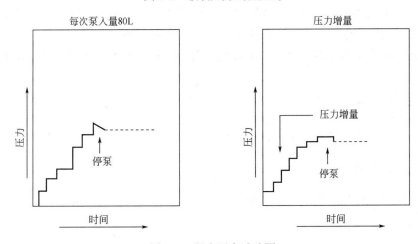

图 3-4　漏失压力试验图

（三）地层承压能力试验

在钻开高压油气层前，用钻开高压油气层的钻井液循环，观察上部裸眼地层是否能承受钻开高压油气层钻井液的液柱压力，若发生漏失则应堵漏后再钻开高压油气层，这就是地层承压能力试验。

承压能力试验也可以采用分段试验的方式进行，即每钻进 100～200m，就用钻进下部地层的钻井液循环试压一次。

现场地层承压能力试验常采用地面加回压的方式进行，就是把高压油气层或下部地层将要使用的钻井液密度与当前井内钻井液密度的差值折算成井口压力，通过井口憋压的方法检验裸眼地层的承压能力。由于井口憋压的方式是在井内钻井液静止的情况下进行的，所以试验时要考虑给钻井液密度差附加一个系数，即循环压耗，以确保在提高密度后，循环的情况下也不会发生漏失。

第五节　套管程序的确定

一、套管的功能和套管下入的要求

科学地确定套管层次及下入深度，对钻井的经济性和安全性有着重要意义。套管的主要功能如下：

（1）保护淡水层，封隔非胶结地层。

（2）封隔易坍塌和井眼稳定性差、易出故障的井段。

（3）避免高低压层在同一裸眼井段，形成喷层和漏失层在同一井段的状况。

（4）为油气生产提供通道，为井下作业提供施工条件。

地层孔隙压力梯度、破裂压力梯度、有效钻井液密度是选择套管程序的重要依据。

（一）结构管

这种管子既可以击入地表，也可以钻入地表，主要是保护井架基础。

（二）导管

导管用来封隔地表疏松不胶结的地层，一般封固流沙层 60m 左右，并提供一个耐久的套管坐放位置。

（三）表层套管

表层套管除满足封堵黄土层、水层之外，还应满足井控的基本要求，即表层套管应满足以下两个条件：（1）表层套管下深不小于 80m；（2）进入石板层 30m 以上，坐于砂岩井段。表层套管必须用水泥进行封固，不允许坐塞子。

（四）中间套管或技术套管

技术套管用于封隔上部复杂地层，以便能够用设计的钻井液密度钻开下部地层。当下部钻井液密度所形成的液柱压力接近上一层套管鞋处的破裂压力时，就应下技术套管，否则可能产生井漏。当高压层在低压层上部时，技术套管应下过高压层，以便能以较低密度的钻井液钻开低压层。这样，既保证了上部地层不发生井控问题，又可以防止伤害下部油气层，提高机械钻速。

《中国石油天然气集团公司关于进一步加强井控工作的实施意见》明确要求："当裸眼井段不同压力系统的压力梯度差值超过 0.3MPa/100m，或采用膨胀管等工艺措施仍不能解除严重井漏时，应下技术套管封隔。"并且"技术套管的材质、强度、扣型、管串结构设计（包括钢级、壁厚以及扶正器等附件）应满足封固复杂井段、固井工艺、井控安全以及下一步钻井中应对相应地层不同流体的要求。水泥应返至套管中性（和）点以上 300m；'三高'油气井的技术套管水泥应返至上一级套管内或地面"。

（五）油层套管

具有生产能力的油气层，完井时应根据油气生产的要求下入生产套管，并采取相应的完井形式。

按照《中国石油天然气集团公司关于进一步加强井控工作的实施意见》的要求："油层套管的材质、强度、扣型、管串结构设计（包括钢级、壁厚以及扶正器等附件）应满足固井、完井、井下作业及油（气）生产的要求，水泥应返至技术套管内或油、气、水层以上 300m。'三高'油气井油（气）层套管和固井水泥应具有抗酸性气体腐蚀能力，应采取相应工艺措施使固井水泥返到上一级套管内，并且其形成的水泥环顶面应高出已经被技术套管封固了的喷、漏、塌、卡、碎地层以及全角变化率超出设计要求的井段以上 100m。"

二、下入深度和层次的确定

确定套管下入深度和层次的原则如下：

（1）分别封固所钻井剖面内的各个复杂不稳定井段。

（2）控制裸眼段长度，减少钻井复杂情况和事故。

（3）提高钻井速度，降低钻井成本。

（4）有利于发现和保护油气层。

（5）延长油气井寿命。

为了确定套管下入深度，需要以下资料和基础数据：

（1）岩性、压力剖面。

（2）操作安全系数，即控制抽汲压力减小值和激动压力增加值。

（3）压力异常井段，即最容易发生压差卡套管的渗透性高、地层孔隙压力小的层段。

（4）允许压差。

（5）必须封固的复杂不稳定井段，重点层位是黄土层和志留统上部及直罗组，固表层时应考虑漏失层的压差影响，防止表层套管替空。

套管下入具体深度的确定，除采用地区经验外，可利用数学公式和地层孔隙压力梯度、地层破裂压力梯度随井深变化的曲线进行计算，自下而上地确定套管下入深度。

第六节　钻井液设计

制定好钻井液设计方案，必须考虑以下几个问题：

（1）钻井液体系与性能的选择。

（2）钻井液性能与地层的配伍性。

（3）钻井液成本和处理材料的可控性。

（4）便于维护管理。

（5）能避免和消除各种复杂情况，包括对各种地层流体侵入的处理。

一、钻井液体系与性能的选择

钻井液的黏度和静切力必须满足携带岩屑并且在循环停止时悬浮岩屑的需要。适当的黏度与静切力有助于悬浮加重材料，这样可以维持一定的钻井液密度，以便使钻井液的静液柱压力高于地层压力。钻井液密度的确定要根据地层压力并考虑井眼的稳定附加一定的安全值。

为了保证钻进和起下钻过程的安全，必须控制钻井液的密度和黏度。做到井壁稳定，既不压漏薄弱地层也不会引起溢流。固控设备如除泥器、除砂器、振动筛及离心机可用来除去钻井液内的有害固相。除气器和液气分离器用来清除侵入钻井液内的气体。

所选的钻井液一定要适应于所钻地层。如钻盐岩层应使用盐水钻井液或油基钻井液，以防止钻井液性能变坏或井壁被破坏。又如某些水敏性极强的页岩就需要油基钻井液或油包水钻井液。

钻井过程中钻井液一定要采用设计中规定的密度值，设计的钻井液密度必须考虑安全附加值。

打开目的层完井液密度：超前注水区块、发生井涌的区块，油井附加当量钻井液密度为 $0.05\sim0.10\text{g/cm}^3$，气井附加当量钻井液密度为 $0.07\sim0.15\text{g/cm}^3$。

在超前注水区、高气油比区、发生井涌的区块目的层钻井液安全附加值必须取上限，减少溢流的发生。

含硫化氢等有害气体的油气层钻井液密度设计，其安全附加值或安全附加压力值应取最大值。

二、钻井液成本和处理材料的可控性

钻井液方案包括估算每个井段钻井液的消耗量。在开钻前井场应有足够的处理材料。材料的消耗必须根据每天的维护处理要求进行检查，以保证材料及时供应。另外，所用钻井液处理材料必须是检验合格的产品，在使用之前必须进行小型试验，确保钻井液性能满足设计要求。

钻井工程设计书中应明确钻开油气层前加重钻井液和加重材料的储备量。

（1）2000m 以内的探井、开发井最少储备 20t。

（2）2000～3000m 的探井、开发井最少储备 30t。

（3）大于 3000m 的探井、开发井最少储备 50t。

（4）大于 2000m 的气井同时储备 $1.50g/cm^3$ 的钻井液 $60m^3$。

（5）小于 2000m 的气井同时储备 $1.50g/cm^3$ 的钻井液 $30m^3$。

（6）油田内部调整井最少储备 30t。

（7）在开发井实施欠平衡钻井时，现场至少储备可用大于 1.5 倍以上井筒容积、密度高于设计地层压力当量钻井液密度 $0.2g/cm^3$ 以上的钻井液；在探井实施欠平衡钻井时，现场至少储备可用大于 2 倍以上井筒容积、密度高于设计地层压力当量钻井液密度 $0.2g/cm^3$ 以上的钻井液；现场还应储备足够的加重材料和处理剂。

三、硫化氢的考虑

用于含有硫化氢地层的钻井液既可以是水基的也可以是油基的。在钻含硫化氢地层时，钻井液应加入能中和硫化氢的处理剂，并且要调整钻井液的 pH≥9.5，以有效消除钻井液中的硫化氢。

第七节　井控设备选择

井控装备及工具的配套和组合形式、试压标准、安装要求按《中国石油天然气集团公司石油与天然气钻井井控规定》和各油田钻井井控实施细则及有关标准执行。

在选择设备前，需要对地层压力、井眼尺寸、套管尺寸、套管钢级、井身结构等做详尽的了解。

钻井井口装置包括在钻井过程中各次开钻时所配置的液压防喷器及其控制装置、四通、转换法兰、双法兰短节、转换短节、套管头等。

由于油气井本身情况各不相同，井口所装防喷器的类型、数量、组合并不一致。确定防喷器的类型、数量、压力等级、通径大小是由很多因素决定的，下面逐一介绍。

一、防喷器公称通径和压力等级的选择

液压防喷器的公称通径要与套管头下的套管尺寸相匹配，能通过相应钻头与钻具，进行钻井作业。

防喷器压力等级的选用应与裸眼井段中最高地层压力相匹配。确保封井可靠，不致因耐压不够而导致井口失控。含硫地区井控装备选用材质应符合行业标准 SY 5087《含硫油气井安全钻井推荐作法》的规定。在高危地区钻井，为确保关井的可靠性，也可提高防喷器的压力等级。

二、组合形式的选择

（1）深井、超深井、高气油比井以及"三高"油气井，至少应配备环形、单闸板、双闸板防喷器和钻井四通。闸板防喷器中应有一个安装剪切闸板。

（2）地层压力大于 35MPa、小于 70MPa 的开发井，应配备环形、两个单闸板或一个双闸板防喷器和钻井四通。

（3）一般开发井，而且仅下一层表层套管，在掌握套管鞋处地层破裂压力的条件下，发生溢流关井时，防喷器只能在不超过最大关井套管压力值80%的范围内进行放喷泄压和实施压井作业时使用。

确定不同压力等级防喷器组合形式，应按照《中国石油天然气集团公司石油与天然气钻井井控规定》和各油气田的井控实施细则及有关标准进行选择。

三、控制系统控制点数和控制能力的选择

控制点数除满足防喷器组合所需的控制数量外，还需增加两个控制点数，一个用来控制防喷管线上的液动平板阀，一个作为备用。

控制系统的控制能力，为最低限度的要求。蓄能器组的容量在停泵的情况下，所提供的可用液量必须满足关闭防喷器组中的全部防喷器并打开液动防喷阀的要求。通常情况下，作业现场为了保证安全，将防喷器组中全部防喷器的关闭液量增加 50%的安全系数作为蓄能器组的可用液量，以此标准来选择控制系统的控制能力。

四、监视设备

在钻井作业中用于检测溢流的基本设备仪器有泵冲计数器、钻井液罐液面指

示器、流量指示器、气体检测器和起钻监控系统。高难度的外围探井和复杂井，通常需要更好的设备和训练有素的人员，以便连续监控钻井作业。在油田内部打井，因为有许多邻近井资料可利用，同时也很好地掌握了地层压力情况，所以只需要基本的监测设备。

五、防硫化氢的特殊设备仪器

在有硫化氢的地区钻井作业，必须有检测与监控硫化氢的仪器。这些设备系统在硫化氢浓度超过规定浓度时能发出声光警告信号。此外，为保护操作人员，应配备正压式空气呼吸器等防护设备。

复习思考题

1. 地质设计的基本内容有哪些？
2. 工程设计的基本内容有哪些？
3. 测井设计的内容有哪些？
4. 如何建立各井段地层压力曲线？
5. 各层套管的下入深度有何要求？
6. 钻井液体系的设计和选择如何考虑密度的问题？
7. 井控设备的选择要注意哪些问题？

第四章 井筒内天然气的膨胀与运移

第一节 天然气的性质及特点

一、天然气的物理性质

天然气的主要成分是甲烷，还有少量的乙烷、丁烷、氮气和二氧化碳。

西气东输天然气甲烷的含量是98%以上，天然气的性质其实就是甲烷的性质。

化学品中文名称为甲烷；分子式为 CH_4；相对分子质量为 16.04；无色无臭气体；饱和蒸气压为 53.32kPa（-168.8℃）；闪点为-188℃；熔点为-182.5℃；沸点为-161.5℃；难溶于水，溶于醇、乙醚；相对密度（$\rho_{水}=1$）为 0.42（-164℃）；相对蒸气密度（$\rho_{空气}=1$）为 0.55；化学性质相当稳定，跟强酸（如 H_2SO_4、HCl）、强碱（如 NaOH）或强氧化剂（如 $KMnO_4$）等一般不起反应，在适当条件下会发生氧化、热解及卤代等反应；燃烧热为 890kJ/mol，总发热量为 55900kJ/kg（40020kJ/m³），净热值为50200kJ/kg（35900kJ/m³）；临界温度为-82.6℃；临界压力为4.59MPa；爆炸上限为15%；爆炸下限为5.3%；引燃温度为538℃；可用作燃料并用于炭黑、氢、乙炔、甲醛等的制造；危险标记为 4（易燃气体）。

二、天然气的特点

（一）天然气具有膨胀性与压缩性

天然气是可压缩的流体，其体积取决于其上所加的压力。压力增加，体积减小；压力降低，体积增大。

在起钻过程中，由于抽汲等因素的影响，若有少量的气体进入井内，在其向上运移的过程中，体积会随着上部钻井液液柱压力的减小而增大，造成环空液柱压力逐渐减小，使井筒内由正平衡逐渐转为欠平衡，导致溢流的进一步发生。如果是在井底压力小于地层压力的情况下，气体进入井内，若不及时关井，气体向上运移时体积膨胀，造成井底压力进一步降低，则会加剧溢流的发展。另外，在处理气体溢流时，由于气体的膨胀，会导致过高的套管压力，引起防喷器、地面管汇、井口附近的套管刺漏甚至憋爆，导致压井失败甚至失控着火。

因此，对于气体溢流来说，更要强调及时发现溢流并迅速关井的重要性。

（二）天然气的密度低

天然气的密度与钻井液、地层水、原油相比要低得多，在常温下清水的密度是天然气密度的 1000 倍以上。

由于天然气的密度低，与钻井液有强烈的置换性，不论是开井状态还是关井状态，气体向井口的运移总是要产生的。在开井状态下，气体在井内膨胀上升，会改变井内的平衡状态，并加剧溢流的发生；在关井状态下，气体在井内带压上升，会导致地面压力升高，威胁关井的安全。

因此，发生气体溢流关井后，要及时组织压井。

（三）天然气具有扩散性大，易燃、易爆的特点

天然气与空气的混合浓度达到 5%～15%（体积比）时，遇到火源会发生爆炸，低于 5%既不爆炸也不燃烧，高于 15%不会爆炸，但会燃烧。

天然气的这一特点导致大部分天然气井井喷失控后都引发着火，或是在关井和压井过程中，由于井口设备刺漏，最终引发井口爆炸着火。如果井喷失控瞬间未着火，或在抢险过程中某种原因导致火焰熄灭，由于天然气的扩散性，会以井眼为中心向井场四周扩散，或沿风向向下风方向扩散，在这个过程中，遇到火源同样可能发生着火或爆炸。

因此，天然气井的井场设备布置，要充分考虑防火要求。另外，在关井和压井以及在抢险过程中，要做好井场及周围的消防工作，防止着火。

（四）含 H_2S 天然气具有更大的危害性

天然气中的 H_2S 有剧毒，对现场施工人员的人身安全造成威胁；H_2S 对钻具和井控装置产生氢脆腐蚀，造成钻具断裂和井口设备损坏，使井控工作进一步复杂化，甚至引发井喷失控；H_2S 能加速非金属材料的老化，使井控装置中的密封件失效而威胁到关井的安全；H_2S 对水基钻井液具有较大污染，甚至使之形成流不动的冻胶。

因此，钻探含 H_2S 天然气井比普通油气井具有更大的风险，一旦发生井喷失控，容易造成灾难性的后果。

天然气在空气中含量达到一定程度后会使人窒息。天然气不像一氧化碳那样具有毒性，它本质上是对人体无害的。不过如果天然气处于高浓度的状态，并使空气中的氧气不足以维持生命的话，还是会致人死亡的，毕竟天然气不能用于人类呼吸。作为燃料，天然气也会因发生爆炸而造成伤亡。

虽然天然气比空气轻而容易发散，但是当天然气在房屋或帐篷等封闭环境里聚集的情况下，达到一定的比例时，就会触发威力巨大的爆炸。爆炸可能会夷平整座房屋，甚至殃及邻近的建筑。甲烷在空气中的爆炸下限为5%，上限为15%。

天然气车辆发动机中要利用压缩天然气的爆炸特性，由于气体挥发的性质，在自发的条件下爆炸条件基本是不具备的，所以需要使用外力将天然气浓度维持在5%~15%以触发爆炸。

天然气的上述几个特征，使天然气井的井控问题更复杂，处理不当很容易引发恶性井喷事故。因此，必须研究和掌握天然气特征所带来的井控技术的特点，保证井控的安全。

三、气体定律

适用于天然气的气体定律通常采用下式：

$$pV=ZnRT$$

式中　　p——绝对压力；

　　　　V——体积；

　　　　n——物质的量；

　　　　R——气体常数；

　　　　T——绝对温度；

　　　　Z——压缩性系数。

R的值取决于所用的单位制，见表4-1。

表4-1　R值

p	V	T	R	p	V	T	R
kPa	L	K	8.21	lb/ft^2	ft^3	°R	10.7
atm	cc	K	82.1	lb/ft^2	ft^3	℉	1545
mmHg	cc	K	62369	atm	ft^3	℉	0.73
g/cm^2	cc	K	8.315				

另外，也可以写成气体物质的量为常数的形式：

$$\frac{p_1 V_1}{Z_1 T_1} = \frac{p_2 V_2}{Z_2 T_2} = nR = 常数$$

第二节　天然气在井内的侵入、运移及处理

一、天然气侵入井内的方式

（一）岩屑气侵

在钻开气层的过程中，随着岩石的破碎，岩石孔隙中的天然气被释放出来而侵入钻井液。侵入天然气量与岩石的孔隙度、井径、机械钻速和气层的厚度成正比。钻开厚气层时，应控制机械钻速，从而控制侵入钻井液中的天然气量，天然气被循环到地面后，应进行地面除气，减小天然气对钻井液柱压力的影响。

（二）置换气侵

钻遇大裂缝或溶洞时，由于钻井液的密度比天然气的密度大，产生重力置换。天然气被钻井液从裂缝或溶洞中置换出来进入井内。

（三）扩散气侵

气层中的天然气穿过滤饼向井内扩散，侵入钻井液。侵入井内的天然气量与钻开气层表面积、滤饼的质量等因素有关。一般通过滤饼侵入井内的天然气量不大。但当滤饼受到破坏或停止循环时间很长时，侵入量会增大。因此，空井或井眼长时间静止时，要有人负责观察井口。

即使在井底压力大于地层压力时，天然气也会以上面几种方式侵入井内。发生气侵，可通过地面除气手段从钻井液中排除天然气。

（四）气体溢流

井底压力小于地层压力时，天然气会大量侵入井内。井底的负压差越大，进入井内天然气越多，若不及时关井，很快会发展成为井喷。

二、天然气侵入井内对液柱压力的影响

（一）天然气在井内的存在形式及运动形式

天然气侵入井眼后，呈气—液两相流动状态，形成泡状流、段塞流等形态。

循环时，气体随着钻井液循环在环空上返，同时在钻井液中滑脱上升。不循环时，钻井液中的气体由于密度小，在钻井液中滑脱上升。

（二）天然气侵对钻井液密度的影响

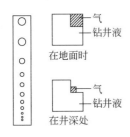

图4-1　气侵对钻井液密度的影响

天然气刚侵入井内，处在井底，受到的压力大，体积小，对钻井液密度影响小。天然气从井底向井口上升过程中，由于所受液柱压力逐渐减小，气泡就逐渐膨胀，体积增大，单位体积钻井液中天然气体积增多，钻井液密度则逐渐减小。如图4-1所示，当气泡上升至接近地面时，气泡体积膨胀到最大，而钻井液密度降低到最小。天然气侵入井内后，井内钻井液密度随井深自下而上逐渐变小。

（三）气侵后钻井液密度及液柱压力减小值的计算

1．气侵后钻井液密度的计算

$$\rho_{mh} = \frac{a \times \rho_m}{a + \dfrac{(1-a)p_s}{p_s + 0.0098\rho_m H}} \tag{4-1}$$

式中　ρ_{mh}——在井深 H 处气侵钻井液密度，g/cm^3；

a——地面气侵钻井液密度与气侵前钻井液密度的比值；

ρ_m——未气侵时钻井液密度，g/cm^3；

p_s——地面压力，MPa，开井时取 0.098MPa，关井时取关井套管压力值；

H——计算井深，m。

2．气侵后钻井液液柱压力减小值的计算

$$\Delta p_m = \frac{2.3(1-a)p_s}{a} \lg \frac{p_s + 0.0098\rho_m H}{p_s} \tag{4-2}$$

式中　Δp_m——气侵后钻井液液柱压力减小值，MPa。

气侵后钻井液对静液压力的影响见表4-2。

表4-2　气侵后钻井液对静液压力的影响

井深 m	钻井液密度为 1.2g/cm³	气侵后钻井液密度为 1.08g/cm³		气侵后钻井液密度为 0.9g/cm³		气侵后钻井液密度为 0.6g/cm³	
	静液压力 MPa	静液压力 MPa	压力减少值，MPa	静液压力 MPa	压力减少值，MPa	静液压力 MPa	压力减少值，MPa
305	3.585	3.544	0.041	3.454	0.131	3.234	0.352

续表

井深 m	钻井液密度为 1.2g/cm³	气侵后钻井液密度为 1.08g/cm³		气侵后钻井液密度为 0.9g/cm³		气侵后钻井液密度为 0.6g/cm³	
	静液压力 MPa	静液压力 MPa	压力减少值, MPa	静液压力 MPa	压力减少值, MPa	静液压力 MPa	压力减少值, MPa
1524	17.927	17.872	0.055	17.755	0.172	17.431	0.496
3048	35.854	35.785	0.06895	35.654	0.2	35.261	0.539
6096	71.708	71.632	0.076	71.494	0.214	71.039	0.669

井深 m	钻井液密度为 2.16g/cm³	气侵后的钻井液密度为 1.94g/cm³		气侵后的钻井液密度为 1.44g/cm³		气侵后的钻井液密度为 1.08g/cm³	
	静液压力 MPa	静液压力 MPa	压力减少值, MPa	静液压力 MPa	压力减少值, MPa	静液压力 MPa	压力减少值, MPa
305	6.454	6.426	0.055	6.24	0.214	5.971	0.414
1524	32.269	32.2	0.069	31.986	0.283	31.703	0.565
3048	64.537	64.461	0.076	64.206	0.331	63.882	0.655
6096	129.074	128.992	0.083	128.723	0.352	128.35	0.724

（四）钻井液发生气侵后应注意的问题

（1）钻井液发生气侵，密度随井深自下而上逐渐降低，不能用井口测量的密度值计算井内液柱压力。

（2）井比较深的情况下，即使井口返出钻井液气侵很严重，但是井内液柱压力并没有大幅度降低。

（3）气侵对井内静液柱压力影响随井深不同。井越深，影响越小；井越浅，影响越大。

（4）发生气侵，采取的首要措施是地面除气。除气后的钻井液泵入井内，若返出密度不再下降，则达到目的。若返出密度小于注入密度，应适当加重钻井液，使进出口密度相等。

气侵是发生溢流的前兆，应当认真处理。如果让气侵任意发展，则可能导致井喷。

三、天然气在井内的运移

（一）开井状态下气体的运移

在开井状态下，侵入井内的天然气靠密度差形成的浮力在钻井液中滑脱上升。所受的钻井液液柱压力会逐渐降低，因此气体将膨胀，将其上的钻井液排出地面。

假设井深 3000m，钻井液密度为 1.20g/cm³，井眼直径为 215.9mm，钻杆外径 114.3mm，环空有 0.26m³ 天然气，其上升膨胀情况如图 4-2 所示。这种情况在一些起钻开始发生局部抽汲的井中很容易发生。

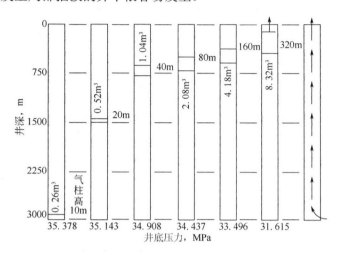

图 4-2   开井状态下气体的运移

气体上升到井深 1500m，气体体积变为 0.52m³，高度变为 20 m，井底压力降到 35.14MPa。在这个过程中，气体运移了 1500m 的距离，体积只增加了 0.26m³。气体继续上升到井深 750m 处时，体积变为 1.04m³，高度变为 40m，井底压力 34.9MPa。在这个过程中，气体运移了 750m 的距离，体积增加了 0.52m³。气体继续上升到井深 375m 处时，体积变为 2.08m³，高度变为 80m，井底压力 34.4MPa。在这个过程中，气体运移了 375m 的距离，体积增加了 1.04m³。当气体上升到井口附近时，气体体积变为 8.32m³，高度变为 320m，井底压力下降到 31.62MPa。

气体上升到一定高度后，气体体积的膨胀就足以使上部钻井液自动外溢喷出，导致井底压力小于地层压力，使天然气进入井内造成更严重的井喷。

通过上面的例子可以得出以下结论：

（1）开井状态下，气体在井内上升时体积一直在膨胀，在井底时体积增加较小，越接近井口膨胀速度越快。

（2）气体接近井口时，钻井液罐液面才增加比较明显。

（3）气体膨胀上升对井底压力的影响很小，只是到接近井口时，井底压力才有明显降低。

由于在开井状态下，气体的膨胀不是一个匀速的过程，这就造成在钻井过程中，特别是在提钻过程中，单纯依靠监测钻井液罐液面变化很难做到及时发现溢流。为了保证起钻作业的安全，可以采取流动测试的办法。

所谓流动测试，就是停泵（或停止起下钻）观察以判断井内流体是否在流动，即井口是否自动外溢。这在某些公司已经形成一种制度，具体是在提钻至套管鞋或提出钻铤前进行，有时则是司钻根据钻进参数的变化或是监督的指令而进行。流动测试可以直接观察是否发生了溢流。一旦确定井内流体停泵后还在流动，即井口自动外溢，应立即关井。

井深、流体类型、地层渗透率、欠平衡的程度以及其他一些因素，影响流动测试时间的长短。测试时间不宜过短，以便做出正确的判断。

钻进时的流动测试程序如下：

（1）发出警报。

（2）停转盘。

（3）停泵。

（4）将钻具提离井底，使钻杆接箍在钻台面以上。

（5）观察井口钻井液是否自动外溢。

起下钻时的流动测试程序如下：

（1）发出警报。

（2）坐吊卡。

（3）安装内防喷工具。

（4）观察井口钻井液是否自动外溢。

另外，对于油气活跃的井，下钻时应分段循环排除油气。若后效严重，应节流循环排除油气，防止发生后效引起的井喷。

还有一种比较灵敏的方法是声波气侵检测法。这需要在井口安装声波发射传感器和声波接收传感器，声波在气体中的传播速度比在钻井液中慢，传播时间的急剧增加就说明井下有气体进入。

（二）关井状态下气体的运移

发生气体溢流关井，或因起钻抽汲导致气体溢流而关井，天然气在关井状态下滑脱上升。气体滑脱上升的速度主要取决于环空间隙、钻井液黏度、气体与钻井液密度差等因素。

已有一些预测气体运移速度的模型，但这些模型太复杂，在现场难以应用。为了指导井控作业，可根据地面压力的变化，近似预测井内气体的运移速度，其前提是气体体积和温度保持不变。

如图4-3所示，假设在 $t=t_1$ 时刻，气体处于井底，此时井口压力为 p_{a1}，则：

$$p_{a1}=p_{气}-\rho_m gH_1$$

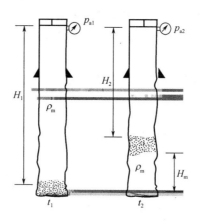

图 4-3 关井状态下气体运移速度

在 $t=t_2$ 时刻，气体向上运移了 H_m 的距离，此时井口压力为 p_{a2}，则：

$$p_{a2}=p_{a1}-\rho_m g H_2$$

如果气体的温度和体积未发生变化，那么气体的压力也不变，则：

$$p_{a2}-p_{a1}=\rho_m g H_1-\rho_m g H_2=\rho_m g H_m$$

因此

$$H_m=\frac{p_{a2}-p_{a1}}{\rho_m g}$$

计算出气体的运移距离之后，就可用下式求出气体的运移速度：

$$v_m=\frac{H_m}{t_2-t_1} \tag{4-3}$$

由此可见，只要记录下地面压力的变化和相对应的时间，就可以计算出气体的运移速度及其在井眼内的位置。但由于上述公式是在假设气体为单一体积单元的前提下推导出来的，而事实上，气体常是破碎成许多气泡的，因此，运移高度和速度的计算值是近似值。

关井状态下，井内容积固定，假如钻井液未发生漏失，气体就不能膨胀，它就会始终保持着原来的井底压力值不变。从上面的公式中可以看出，气体滑脱上升过程中，气体以上的液柱压力减小使井口压力增加，气体以下的液柱压力增加使井底压力增加。所以在关井状态下，气体的滑脱上升会导致整个井筒的压力不停地增加。

假设井内钻井液密度为 $1.20g/cm^3$，井深 3000 m，$0.26m^3$ 气体侵入井内，关井，此时的井底压力为 35.378MPa。天然气滑脱上升时，井底压力和井口压力的变化情况如图 4-4 所示。通过上面的例子可以得出以下结论：

（1）气体在带压滑脱上升过程中，关井立管、套管压力不断上升，作用在井眼各处的压力均在不断增大。

（2）关井时，井口要承受很高的压力，要求井口防喷装置有足够高的工作压力。

（3）气体滑脱上升引起井口压力不断升高，不能认为地层压力也在增大，不能录取这时的井口压力计算地层压力。

（4）发生气体溢流不应长时间关井，避免超过最大关井套管压力。要尽快组织压井。

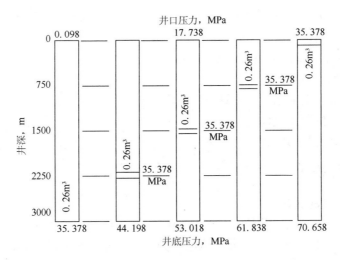

图 4-4　关井状态下气体的运移

四、关井后天然气运移的处理方法

（一）立管压力法

1. 立管压力法原理

通过节流阀，间断放出一定数量的钻井液，使天然气膨胀，气体压力降低。在释放钻井液的过程中，要控制立管压力始终大于关井立管压力，从而保证井底压力始终略大于地层压力，以防止天然气再进入井内。

2. 操作方法

（1）先确定一个比初始关井立管压力高的允许立管压力值 p_{d1} 和放压过程中立管压力的变化值 Δp_d。通常取 p_{d1} 比初始关井立管压力大 $0.7 \sim 1.4$MPa，通过给关井立管压力附加一个安全值，防止因为释放钻井液时，由于压力波动或压力传递的滞后现象导致井底压力小于地层压力。Δp_d 的确定要考虑地层的承压能力，一般取 Δp_d=0.35～1MPa。例如，关井立管压力 p_d=3MPa，可取 p_{d1}=4MPa，Δp_d=1MPa。

（2）当关井立管压力 p_d 增加到（$p_{d1}+\Delta p_d$），即增加到 4+1=5MPa 时，通过节流阀放钻井液，立管压力下降到 p_{d1}，即下降到 4MPa 时关井。

（3）关井后，天然气继续上升，立管压力再次升到（$p_{d1}+\Delta p_d$）时，即增加到 4+1=5MPa 时，再按上述方法放压，然后关井。这样重复进行，可使天然气上升到井口。

放压过程中，由于环空放出钻井液，环空静液压力减小，因此套管压力增加一个值，增加的值等于环空静液压力减小值。

3．不适用立管压力方法的情况

当发生如下情况，则不能应用立管压力法，而要采用容积法：

（1）钻头水眼被堵死，立管压力不能读值。

（2）钻头位置在气体之上。

（3）钻具被刺漏等。

（二）体积法

1．体积法的原理

通过节流阀释放钻井液，使气体膨胀，环空静液压力由于钻井液量的减少而降低，为保证井底压力略大于地层压力，环空静液压力减小值通过增加套管压力补偿。

2．操作方法

（1）先确定一个大于初始关井套管压力的允许套管压力值 p_{a1} 和放压过程中的套管压力变化值 Δp_a。其确定原则和取值方法同立管压力法。例如：初始关井套管压力 p_a=5MPa，可以取允许套管压力值 p_{a1}=6MPa，套管压力变化值 Δp_a=0.5MPa。

（2）计算出套管压力变化值 Δp_a 对应的释放钻井液量 ΔV。由于井径不同，计算出的 ΔV 会有所不同。

（3）当关井套管压力由 p_a 上升到 $p_{a1}+\Delta p_a$=6+0.5=6.5MPa 时，保持套管压力等于 6.5MPa 不变，从节流阀放出钻井液 ΔV_1，关井。

（4）当关井套管压力由 6.5MPa 上升 0.5MPa 达到 7MPa 时，保持套管压力等于 7MPa 不变，通过节流阀放出钻井液 ΔV_2，关井。

（5）当关井套管压力由 7MPa 上升 0.5MPa 达到 7.5MPa 时，保持套管压力等于 7.5MPa 不变，通过节流阀放出钻井液 ΔV_3，关井。

（6）按上述方法放出钻井液，使气体上升膨胀，让套管压力增加一定数值，补偿环空静液压力减小值，保证井底压力略大于地层压力。气体一直上升到井口。

（三）套管压力的控制

使用上述两种方法处理气体的滑脱上升时，由于环空钻井液不断地放掉，关井套管压力会不断地上升，有可能会导致套管鞋的漏失。所以，在施工前，要先校核套管鞋处的承压能力。套管鞋处地层所受最大压力发生在天然气溢流顶面到达套管鞋处时，其计算公式如下：

$$p_{hmax} = \frac{B}{2} + \sqrt{\frac{B^2}{4} + C} \tag{4-4}$$

其中

$$B = p_p - \rho_m g(H - h)$$

$$C = p_p \rho_m g h_w$$

式中　p_{hmax}——套管鞋处地层所受最大压力，MPa；

p_p——井底压力，MPa；

ρ_m——井内钻井液密度，g/cm^3；

H——井深，m；

h——套管鞋深度，m；

h_w——井内溢流物所占据的高度，m；

g——重力加速度，m/s^2。

只要套管鞋处地层所受最大压力小于该处地层破裂压力，施工就可以顺利进行。

（四）天然气上升到井口的处理

天然气上升到井口后，不能放气泄压，此时的井口压力值是平衡地层压力所必需的，一旦放气泄压，井底压力就不能平衡地层压力了。处理方法是采用置换压井法。从井口注入钻井液置换井内气体，以降低井口压力并保持井底压力略大于地层压力。具体操作步骤如下：

（1）通过压井管线注入一定量的钻井液，允许套管压力上升某一值（以最大允许值为限）。

（2）当钻井液在重力作用下沉落后，通过节流阀慢慢释放气体，套管压力降到某一值后关节流阀。套管压力降低值应等于注入钻井液的静液压力值与因泵入钻井液而增加的压力值之和。

（3）重复上述步骤直至井内充满钻井液为止。

复习思考题

1. 气体进入井内的方式有哪些?
2. 气侵的特征有哪些?
3. 开井状态下气体的运移有何特征?
4. 天然气溢流关井的特征及注意事项有哪些?

第五章 测井作业中的井控工艺技术

测井过程中，井内处于静止状态，油气扩散进入井眼逐步发展为压差侵入，从而进一步发展成为溢流、井涌等井控问题。因此，测井期间要十分注意井控工作。

第一节 常规测井井控工艺技术

一、常规测井作业过程存在的井控风险

在常规测井作业过程中，电缆是提供信号传输通道和仪器运动牵引力（电缆测井）的关键装置。但在井控应急处置过程中，由于电缆与钻具结构上存在本质区别、电缆在应急剪断后带来的次生风险、部分测井井控装置设计上存在缺陷等原因，测井作业过程中存在 3 个方面的井控风险及难点。

（一）井口电缆密封困难

井控应急处置时，保证井口密封是关键。钻井井控装置能够进行电缆密封的仅有环形防喷器，但未有文献或试验结论对环形防喷器密封电缆的承压能力及密封效果进行阐述。在钻具输送测井过程中，电缆与钻具同时存在，环形防喷器此时也不能有效进行密封。

（二）电缆应急剪断后处理复杂

国内部分油田推荐做法是在发现溢流后，直接剪断电缆，按照空井状态进行处理。电缆一旦剪断，若井内高含硫化氢、放空段存在较大溶洞或是砂泥岩裸眼井段过长，后续处理将较为复杂；如果带有放射性源，一旦无法打捞出井，将带来巨大的环境保护压力。同时，在钻具输送测井作业时，剪断电缆后，如果旁通外电缆过长，因受钻具外环空间隙限制，后续处理手段也十分有限。

（三）部分测井井控装置设计上存在的缺陷

2009 年以前，塔河油田曾在试油防喷器上安装测井电缆防喷闸板作为井口电缆密封装置。在现场使用过程中，该装置由于设计上的缺陷，存在以下两个方面问题：

（1）现场无法进行井口试压。

（2）该装置设计之初是考虑应用于手动防喷器上，不具有在关井过程中使电缆自动居中的功能。

对于目前使用的液压防喷器，由于关井速度非常快，在电缆还未达到居中位置时就已经关闭，致使电缆剪断。2008 年 TKA 井使用液压防喷器时就发生在关井过程中将电缆剪断的问题。

二、常规测井作业过程中井控要求

（一）井筒条件需满足的要求

常规电缆测井和钻杆输送测井作业时，由于井口密封对象不同，一旦出现溢流，处置手段也存在较大差异。例如在塔河油田，存在井控风险的井在测井施工前，井内往往表现为持续井漏或有较活跃的油气显示。因此，如需进行测井作业，必须满足以下 2 个要求：

（1）持续井漏的井，应利用液面监测技术或其他手段确定漏失速度，为测井作业过程中灌浆量提供依据，以保证井筒内钻井液柱高度足以平衡地层压力。

（2）如果井内有较活跃的油气显示，应根据油气上窜速度，计算出安全稳定时间。

例如，塔河油田要求安全稳定时间满足测井作业时效的 1.5 倍以上，才能进行测井施工。

在计算油气上窜速度时，传统的计算方法包括迟到时间法和容积法。这两种计算方法在理论上都是正确的，但其涉及的关键参数如迟到时间、钻井泵排量等的精确程度，对计算结果的准确性有很大影响。因此，需要对计算方法修正，以计算出精确的安全稳定时间。

（二）电缆测井井口电缆的密封

从井口控制的角度分析，电缆测井井控的关键在于对电缆的密封和剪断电缆后对电缆头的固定。

例如，塔河油田井口防喷器组合一般为环形防喷器+单闸板防喷器+双闸板防喷器或是环形防喷器+双闸板防喷器+双闸板防喷器。在出现溢流情况后，必须使用环形防喷器对测井电缆进行密封。为了确定环形防喷器在有测井电缆存在情况下的承压能力等相关参数，工区在井控车间进行了环形防喷器的承压试验。

试验所用工具为已使用半年的 CAMESA 11.8mm 电缆和上海神开生产的 FH35-35/7 环形防喷器。试验过程中，通过使用不同的关井油压进行高、低压密封试验，试验数据见表5-1。

表 5-1 试验数据表

序号	关井油压，MPa	井口压力，MPa	稳压时间，min	压降，MPa	试验结论
1	15	33.42	30	1.98	满足要求
2	15.36	1.90	3	0	满足要求
3	15.31	4.65	30	0	满足要求
4	9.93	2.53	30	0.17	不满足要求

通过分析试验数据可以得出以下结论：

（1）环形防喷器不论是在井口高压、还是低压情况下都可以对电缆进行密封承压。

（2）通过试验可以看出，环型防喷器关井油压在 10 MPa 左右时，不能完全对电缆进行密封承压；而 15 MPa 左右时能完全对电缆进行密封承压。因此，在现场应急处置情况下，应通过手动调压阀将远控房环形防喷器关井油压调至 15 MPa（现场一般要求关井油压为 10.5 MPa）。

（3）环形防喷器经过多次开、关后，仍能保证承压能力及密封效果。因此，在进行现场应急处置时，应使用可以多次开、关环形防喷器。

根据试验结论，在电缆测井过程中出现溢流情况后，应及时关闭环形防喷器，通过平推压井将井内处理稳定后再打开环形防喷器起出电缆和仪器。

（三）电缆测井剪断电缆后电缆头的固定

如在使用环形防喷器封井后仍不能控制井口，应该立即用电缆悬挂器（图5-1）卡住电缆，用液压断缆钳剪断电缆后下放天滑轮，钻井队抢下防喷钻具后通过关闭半封闸板进行应急处置。电缆（包括测井仪器）与钻具一同下井时，下钻深度以与电缆重合长度不超 15m 为宜，否则可能因电缆堆积引起卡钻或电缆破损。

为了缩短应急处置的时间，测井队应在施工前准备分体式液压断缆钳、T 形卡，并将电缆悬挂器及其楔块分开后放置在钻台上备用；钻井队将双母接头及旁通阀与防喷单根连接好，置于井架上备用。

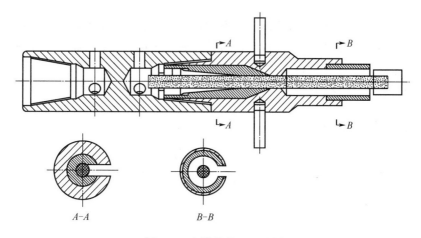

图 5-1　电缆悬挂器设计图

三、裸眼测井作业的井控工作

（一）裸眼测井溢流的发现

裸眼测井出现以下情况可判断为溢流已经发生：
（1）下放仪器困难或起升仪器时绞车张力急剧减小。
（2）出口管处钻井液出现外溢。
（3）钻井液液面上升。
（4）出现井涌甚至井喷。

（二）发现溢流后关井操作程序

测井作业应控制电缆速度不超过 2000m/h。如发现溢流，应停止电测立即起出电缆，抢下防喷单根实施关井，若存在溢流明显加快等紧急情况时，应立即剪断电缆，按"空井"溢流关井操作程序实施关井。不允许用关环形防喷器的方法继续起出电缆。

第二节　钻具输送测井井控工艺技术

一、钻具输送测井存在的井控问题

（一）井口仅有钻具存在

在钻具输送起下仪器过程中，井口仅有钻具存在，此时，一旦出现溢流险情，可按照钻井井控操作流程，关半封闸板后实施压井作业。但需要注意的是，对于可能存在井控风险的井进行钻具作业时，在起下仪器过程中，应分段顶通循环，保证外接头外壳水眼畅通，防止水眼堵塞给后续压井作业带来困难。

（二）井口有钻具与电缆同时存在

当对接完成后进入测井阶段时，井口钻具与电缆是同时存在的，通过井控车间试验发现，环形防喷器此时不能有效对其进行密封。当出现溢流情况后，只能剪断电缆后关闭半封闸板实施压井作业。但如果贸然剪断电缆不使之固定，电缆落入钻具和套管间的环空后，后续处理将异常复杂。目前钻具输送时使用的橡胶电缆固定夹不仅安装时间长，而且挤压力较小。因此设计了一种快速固定电缆装置（图5-2）。该装置利用快速自锁结构和顶丝将其本体固定在钻具外，使用楔形压板固定电缆。

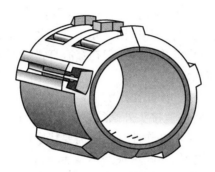

图5-2 快速固定电缆装置示意图

在测量过程中发生溢流情况后，及时剪断电缆并通过该装置将其快速固定在钻具上，抢接防喷单根后实施关井及压井作业。

在起下对接枪的过程中，如果出现溢流情况，可根据对接枪深度和溢流量大小，采取起出对接枪或直接剪断电缆后抢接防喷单根实施关井及压井作业的方式。此时，如果采取剪断电缆的方式进行处理，由于剪断后的电缆处在钻具水眼内，考虑到使用正循环压井方式会使电缆在水眼中堆积而造成后续处理困难，一般推荐使用平推压井法进行处置。

二、钻具输送测井作业中的井控工作

（一）测井作业前的井控准备及作业中的注意事项

水平井测井时，一般采用钻具输送的方法，为了防止井喷事故和井下粘卡等复杂情况发生，需要采用低黏度、低密度、低固相的优质钻井液体系。在下入仪器前，应加强循环洗净、通井等工作保证油气层和井眼的稳定。

起下钻时，在油气层和油气层顶部以上 300m 井段内，控制起钻速度不大于 0.5m/s，防止因为起下钻速度过快而出现较大的波动压力，造成井喷或井漏。钻台上配备钻具止回阀，大门坡道旁准备相应的防喷单根。

（二）测井作业中发生溢流时的关井程序

发生溢流时，应停止电测立即起出电缆，抢下防喷单根实施关井，若存在溢流明显加快等紧急情况时，应立即剪断电缆，按"起下钻"溢流关井操作程序实施关井。

第三节　特殊作业过程中井控工艺技术

在易喷易漏地层中进行穿心打捞、电缆或仪器打捞作业时，也存在井控风险。在进行电缆或仪器打捞作业时，井口钻具和正常钻井过程是一致的。在出现溢流情况后，按照钻井井控操作流程处理。但在穿心打捞过程中，受到测井电缆的限制，相关处置措施会有略有差异。

在穿心打捞下钻过程中，如果出现溢流，应将电缆、加重杆和快速接头内螺纹接头从钻具水眼起出，将快速接头外螺纹接头通过 C 形循环挡板卡在钻杆顶端，抢接防喷单根后实施关井及压井作业。此时需要特别注意的是，由于打捞筒尚未到达仪器顶部，在关井前抢接防喷单根后不能活动钻具，防止电缆断裂。

在仪器进入打捞筒后起电缆过程中，如果出现溢流，应及时将电缆从井口剪断，抢接防喷单根后实施关井及压井作业。如果在仪器进入打捞筒后起钻过程中发生溢流，由于目前使用的卡瓦或三球打捞筒在捞获仪器后均不能循环，只能在抢接防喷单根后采取平推压井法进行处理。

第六章　溢流控制关键技术

第一节　溢流主要原因分析及检测

一、溢流主要原因分析

溢流时大量的地层流体进入井眼，以致必须在压力条件下关井。在正常钻进或起下钻作业中，溢流可能在下列条件下发生：

（1）井内环形空间钻井液静液压力小于地层压力。

（2）地层具有必要的渗透率，允许流体流入井内。

我们不能控制地层压力和地层渗透率。为了维持初级井控状态必须保持井内有适当的钻井液静液压力。造成静液压力不够的任何一种或多种原因都可能导致溢流，最普遍的原因如下：

（1）起钻时井内未灌满钻井液。

（2）过大的抽汲压力。

（3）钻井液密度不够。

（4）循环漏失。

（5）地层压力异常。

引起溢流最多的原因是钻井液密度不够。这可能是由于在探区钻井过多，为了获得高的钻井进尺而减少钻井液密度所造成的，但导致井喷的大多数溢流发生在起下钻时。在起钻时发现溢流，特别是在钻具都起出井眼以后的溢流是很难控制的。

（一）起钻时井内未灌满钻井液

起钻过程中，由于钻柱起出，钻柱在井内的体积减小，井内的钻井液液面下降，这就相当于减小静液压力，导致井底压力降低。不管在裸眼中哪一点上，只要此处钻井液静液压力低于地层压力，溢流就可能发生。

在起钻过程中，向井内灌钻井液可保持钻井液静液压力。起出钻柱的体积应等于新灌钻井液的体积。如果测得的灌浆体积小于计算的钻柱体积，地层内的流体就可能进入井内，溢流就可能在发展。

为了减少由于起钻时钻井液没灌满井筒而造成的溢流，应该做到以下几点：

（1）懂得钻具起出井筒，井内液面就下降。

（2）计算起出钻具的容积。

（3）测量灌满井眼所需要的钻井液体积。

（4）定期地把钻井液体积与起出钻具的体积进行比较并记在起下钻记录本上。

（5）若两种体积不相符要立即采取措施。

钻具的体积取决于每段管子的长度、外径、内径。对于大多数普通尺寸的钻杆与钻铤可从体积表查出。尽管体积的数值很容易计算，但是由于有钻杆接头的影响，所以钻具体积表还是特别有用。

由于钻铤比钻杆具有较大的体积，因此当钻铤起到地面进行排放时，向井筒灌满钻井液是特别重要的。从井筒起出钻铤时灌钻井液体积应是起钻杆时的3～5倍。

实际灌入钻井液的体积可用下列装置中的一种进行测量：

（1）钻井液补充罐。

（2）泵冲数计数器。

（3）流量表。

（4）钻井液池液面指示器。

钻井液补充罐是最可靠的测量设备。从井内起出一定数量的立根之后，它可以显示出需要灌多少钻井液来充满井眼。钻井液补充罐是一个高而细的罐（容积为 $1.6～6.4m^3$），$0.2m^3$ 的钻井液进入井中后，罐内的钻井液面高度可显示出十几厘米的变化。

钻井液补充罐通常用 50L 或 100 L 的增量来刻度。容积的测量可以使用这种刻度或者使用与正规钻井液池上装的类似的气动浮子传感器来进行。

最普通形式的钻井液补充罐是重力式灌注罐。钻具从井内起出，钻井液依靠重力从罐里流入井内。其他类型的补充罐使用一个小离心泵不断地把钻井液从补充罐循环到井里，溢流返回到钻井液补充罐。不论用哪一种补充罐，都要从主钻井液罐定期地泵送钻井液，装满钻井液补充罐。

钻井液补充罐在井控作业中还有其他用途，一方面可以用来测量泵的效率，另一方面也是强行起下钻作业的一个组成设备。

若井场没有钻井液补充罐，可以用钻井泵向井内灌钻井液，由泵冲数计数器来计量泵入钻井液的体积。根据泵缸套尺寸和泵的冲程，就可以知道泵送 $1m^3$ 钻井液需要多少冲数，只有精确知道泵的效率才能计算出精确的排量。泵的排量表不适合这项工作，如果使用泵冲数计数器，就需要定期地校验泵效率。

流量表可以用来监控泵送到井内的钻井液量，但是只有少数钻机上装有这种表。大多数流量表的精确度也受钻井液流变性的影响，如果没有校正和适当保养就可能得不到准确的数值。

钻井液池液面指示器反映钻具起出井筒后的钻井液应灌入量，但是大钻井液池里这种液面的变化不易检测出。起钻时，在钻井液池上使用传感器，也不是一种计量灌注钻井液量的好办法。而有些钻机安装几个钻井液池，并可单独隔离一个小钻井液池，这样就大大地提高了计量的灵敏度，常常是一种可取的计量灌浆量的方法。

不论使用哪种设备，灌入的钻井液量必须与起出钻具的体积进行比较，使之相等。现已有专门设备可以自动地进行上述这种比较，但大多数钻机上还没有配这种设备。在一定条件下，井队人员中增加一人专门负责控制灌入钻井液量是完全必要的。

如果井眼不能充满适当的钻井液量，起钻作业就要停止，并采取安全措施。这需要重新下钻到井底，进行循环。

灌钻井液的原则如下：

（1）至少每起出3～5个立根的钻杆，或起出一个立根的钻铤时，就需要检查一次灌入的钻井液量。灌钻井液前绝不能让井内的液面下降超过30m。

（2）应当通过灌钻井液的管线向井内灌钻井液，不能用压井管线灌钻井液。使用压井管线可能会使管线和阀门腐蚀，这样在应急的情况下就不能发挥其作用。

（3）灌钻井液管线在防溢管上的位置不能与井口防溢管的出口管同一高度，如果两管同一高度，则经过灌钻井液管线灌入可能直接从出口管流出，从而误认为井筒已灌满。

（二）过大的抽汲压力

起钻的抽汲作用会降低井内的有效静液压力，会导致井底压力低于地层压力，从而造成溢流。抽汲作用的监控和检测与检查井内是否灌满钻井液的方法相同，需要同样的设备和相同的注意事项。但是引起静液压力降低的机理多种多样。

第一，钻井液有黏附在钻具外壁的倾向。

第二，井内的钻具像一个皮下注射器那样在井内作用。井内钻井液下降没有上提钻具那样快时，就可能产生抽汲作用。这样实际上在钻头的下方造成一个抽汲空间并产生压力降。

无论起钻速度多慢，抽汲作用都会产生。应该记住的重要事情是，井内环形空间的有效压力始终应能够平衡地层压力，这样就可以防止发生溢流。

除了起钻速度外，抽汲过程也受环形空间大小与钻井液性能的影响。在设计井身结构时，钻具（特别是钻铤）与井眼间应考虑有足够的间隙。钻井液性能特别是黏度和静切力应维持在最低水平。

起下钻时，从井底循环出来的侵入钻井液里的气体、盐水、油的含量，可以帮助估计操作对抽汲的影响。用短程起下钻，紧接着就进行循环的方法，也可以用来确定抽汲特性。

在起钻时降低抽汲作用至最低限度的原则如下：

（1）抽汲作用总是要发生的，所以应尽量把钻井液静液压力维持在稍微高于地层压力（这种超出的压力称为起钻安全值）。

（2）环形空间间隙要适当。

（3）使钻井液黏度、静切力保持在最低水平，防止钻头泥包。

（4）用降低起钻速度来降低抽汲作用至最低限度。

（5）用钻井液补充罐、泵冲数计数器、流量计或钻井液池液面指示器来监控过大的抽汲作用。

（三）钻井液密度不够高

钻井液密度不够高是溢流比例高的一个原因。这样引起的溢流是比较容易控制的，并且很少导致井喷。井喷通常是在打探井时遇到异常高压地层、断层多的地层或充满流体的地层时发生的。充满流体的地层可能由于以下几种原因形成：如注入作业产生漏失，固井质量不好，不合理的报废，以前发生过地下井喷或浅气层等。

钻井液密度不够而产生的溢流通常是在突然钻遇到高压层，地层压力高于钻井液静液压力条件下发生的，特别是为了获得高的机械钻速和低成本而使用最低的钻井液密度，溢流情况就更加明显。认真设计井身结构，密切监控钻井参数和电测资料，就可能正确估计地层压力，可以有效地减少溢流。

钻井液气侵有时严重地影响钻井液密度，降低静液压力。因为气体比钻井液密度小，所以钻井液密度会降低。但是少量的气体混到液柱里不会排开很多的液体，因此，静液压力不会下降很多。气体到达地面时膨胀非常迅速，而钻井液密度就是在地面上测量的。

气侵对于整个静液柱压力的作用虽然微小，却并不意味着对气侵可以忽视。

降低因钻井液密度不够所引起的溢流至最低限度的一般原则如下：

（1）正确设计井身结构，尽量准确地估算地层压力。

（2）分析邻近井资料，特别是发生过地下井喷、注入作业、套管漏失、固井质量不好或不合理的报废井的情况。

（3）密切监控钻井参数和电测资料，以便在钻井过程中应用 dc 指数法监测地层压力，对地层压力取得一个合理的估计值。

（4）密切监控断层或地层变化情况。

（5）安装适当的地面装置，以便及时除掉钻井液中的气体，不要把气侵的钻井液再重复循环到井内。

（6）保持钻井液处于良好状态，做到均匀加重。

（四）循环漏失

循环漏失是指井内的钻井液漏入地层，引起井内液柱和静液压力下降，下降到一定程度时，溢流就可能发生。

当地层裂缝足够大，并且井内环形空间的静液压力超过裂缝地层压力时，就要发生循环漏失。地层裂缝可能是天然的，也可能是由钻井液柱压力过大把地层压裂而次生的。

为了产生或延伸这个裂缝，钻井液柱作用在地层上的压力必须超过地层压力和地层的强度。在压力衰竭的砂层、疏松的砂岩以及天然裂缝的碳酸盐岩中循环漏失是很普遍的。

由于钻井液密度过高和下钻时的压力激动，使得作用于地层上的压力过大。在有些情况下，特别是在深井、小井眼里使用高黏度钻井液钻进，环形空间摩擦压力损失可能高到足以引起循环漏失。以很快的钻速钻黏土页岩时也可能出现类似的情况。环形空间增加阻碍和增加钻井液密度会大大地增加井筒的压力。

压力激动与抽汲作用类似并受相同的参数影响，主要区别是压力激动是在下钻时引起的，而这种压力变化要增加静液压力。下套管时的压力激动是特别危险的，因为这时环形空间的间隙太小。

进行地层试验和地层试漏实验的过程中也会产生过大的井筒压力。进行这些作业必须小心，因为地面施加的压力都加进了整个液柱的静液压力之中。

发生循环漏失时常常关心的是昂贵的钻井液漏入地层。但主要关心的应该是钻井液静液压力的降低。检测出循环漏失后，首先要向井内灌水（若使用水基钻井液）或者向井内灌柴油（若使用油基钻井液）。如果钻井液液面下降，就应立即混入球形堵漏剂，并把它循环入井内。如果有井中流体开始返出，应考虑打重晶石塞，靠重晶石塞附加于井底的压力足够控制溢流，直到把漏失层修好为止。

降低循环漏失至最低限度的一般原则如下：

（1）设计好井身结构，正确确定下套管深度是防止循环漏失的最好办法。

（2）试验地层，测出地层的压裂强度，这样有助于确定下套管位置，有助于溢流发生的时选择最佳方法。

（3）在下钻时将压力激动降低到最低限度，特别应注意，压力激动在下套管时特别危险。

（4）保持钻井液处于良好状态，使钻井液的黏度和静切力维持在最小值上。

（5）做好向井内灌水、灌柴油或灌轻钻井液的准备。

（6）做好混合并向井内打堵漏物质和打重晶石塞的准备。

（五）地层压力异常

钻遇异常压力的地层并不一定会直接引起初级井控失败。如用低密度钻井液钻此类地层，初级井控才可能失败。事实上，更多的井喷是发生在正常压力地层而不是异常压力地层。对有可能钻到的高压井，设计时应考虑使用更好的设备而且更密切地注意防止可能发生的溢流。

钻井液录井和良好的井场监测设备是特别有用的。井场录井员、地质师和工程师能够密切监控井的各项参数和井的各种情况。这些设备同样可以帮助预报和估算地层压力与地层特性。

（六）其他原因

在多数情况下，溢流可能是由于上述某种原因。但还有其他一些情况，造成井内静液压力不足以平衡或超过地层压力，如：

（1）中途测试控制不好。

（2）钻到邻近井里去了。

（3）以过快的速度钻穿含气砂层。

（4）射孔时控制不住。

（5）固井时差压式灌注设备损坏。

二、溢流检测

《中国石油天然气集团公司石油与天然气钻井井控规定》明确指出：尽早发现溢流显示是井控技术的关键环节。从打开油气层到完井，要落实专人观察井口和钻井液池液面的变化。

对于潜在的或即将发生的溢流决不要感到奇怪。钻井人员应密切监控井下的情况，并且考虑到可能出现的井控问题。有准备的钻井人员应能够迅速发现异常情况，有效地把溢流、地面压力及井控的各种困难降到最低限度。

概括来讲，钻井人员应当做到以下几点：

（1）懂得各种溢流的原因。环形空间钻井液静液压力小于地层压力，就有可能发生溢流。

（2）使用适当的设备和技术来检测意外的液柱压力减小。

（3）使用适当的设备和技术来检测可能出现的地层压力增大。

（4）要能识别各种表示静液压力与地层压力之间不平衡的显示。

（5）认识到溢流有可能发展。

（6）如果溢流，应立即采取措施。

井底压力的减小或静液压力的减小就是溢流的警告信号，地层流体向井内流动和各种显示就是溢流的具体显示。识别这些显示通常需要用关井或把流体从井场分流排出的办法。若溢流预兆继续发展或没有得到纠正，这就提醒钻井人员注意有可能出现各种问题。

溢流检测可按以下三步进行：

（1）钻井设计时进行的溢流检测，即对邻近井的资料进行分析，表明可能遇到异常压力地层、含酸性气体（H_2S）地层、地质情况复杂的地层或漏失层。

（2）钻井时，钻井具体情况表明井内地层压力增大或者钻井液静液压力减小，可能发生溢流。

（3）钻井时，钻井具体情况表明地层流体侵入井内，已发生溢流。

据统计，钻正常压力的地层发生井喷的概率高于钻异常压力地层。特别是在起钻时，此时井队人员必须保持高度的警惕。

（一）钻井设计时进行的溢流检测

在钻井的设计中，先要对邻近井的资料进行地层对比、地质预报分析，得到预计的压力剖面和可能的溢流点，方可做出钻井的最后设计。在设计中要做到：

（1）使套管、地层压力梯度与设计具有相容性。

（2）提出选择与安装适当的监测及防喷设备。

（3）预计地层的各种特性（岩性、压力以及可能的溢流地层）。

（4）确定在溢流或井喷时的应急措施。

预计的各种问题都应当向钻井人员指出并解释。这样就可以提醒他们在钻井作业中注意各种井喷的预报与显示，这是训练的一部分。

起下钻作业应当特别予以注意。属于这个范畴的作业还有取心、测井、中途测试、下套管、固井、射孔以及钻浅气层。

（二）钻井时可能溢流的检测

钻井时溢流警报信号是井况正在变化的实际显示。通常，警报表明地层压力增大或是钻井液静液压力减小。如果静液压力超过地层压力，或者地层渗透性差，没有流体侵入井内，不会有即刻的危险。但是，如果不注意或不检查，便有可能导致溢流。预防的办法包括增加钻井液密度和恢复钻井液柱高度。

机械钻速、录井岩屑以及钻井液性能的各种变化，可用来检测地层压力增大的情况。

井内钻井液面的下降可用以检测出液柱高度降低的情况。现已有各种技术与设备可以用来检测这些变化。

1．机械钻速的变化

机械钻速主要取决于井底压力（大部分是静液压力）与地层压力的差值。在地层压力增大而井底压力维持不变的条件下，压差是会减小的。在这种情况下，可以得到较高的机械钻速。

机械钻速的迅速增加是一种钻速突变。钻速突变表明钻头已钻到地层压力超过井内压力的地层。如怀疑钻到异常压力，应停钻检查井的流量情况。如果在停泵时井内流体继续流出，说明溢流在发展。在危急情况下，即使没有流体流出也应当自上而下地进行循环。这样可调整好钻井液性能，以保证井内没有地层流体进入。

地层岩性改变时可以同样发现机械钻速的显著变化。有时，机械钻速剧烈下降。这同样是一种钻速突变，而且应当立即进行检查。

另一种地层压力增大的显示能用分析钻井参数的办法来得到。最通用的技术是使用 dc 指数，或标准化机械钻速。dc 指数法使用一种简单钻井方程以有效地估算地层压力。

钻井液录井和井场监测装置的工作人员通常能提供必要的相关资料，但是用计算机和图表可简化计算过程。

2．岩屑的变化

岩屑的观察与分析同样可以指示地层压力变化的情况。压差减小，大块页岩将开始坍塌，这些坍塌的"岩屑"，很容易识别，因为它们有特殊的尺寸和形状。这些岩屑比正常岩屑大一些，并呈长条、带棱角或者像一只开口凹形的手掌。

如果钻井液不能够悬浮并清除大量的大岩屑，坍塌的页岩将下沉，积聚在井底。结果是增加井底填充物，钻进时扭矩增大，起下钻阻力增大。

录井人员所做的页岩岩屑的详细化学与物理分析，可以提供附加资料。页岩单位体积重量的减少或者页岩矿物成分的某些变化可能与地层压力的增大有关系。

3．钻井液性能的变化

钻井液循环可能把所钻的井下地层岩屑带上来。当然，钻井液是一种采集岩屑进行观察与分析的手段。同样，钻井液也是侵入井内的地层流体的携带者。

地层流体（天然气、油或盐水）或钻井液密度不足以平衡地层压力时进入井内。如果侵入量大，就会发生溢流。如果侵入量小（尽管可能是连续的），地层渗透性很差，则大段页岩井段内可以安全地进行"欠平衡"钻进。

起钻以及接单根时的抽汲作用能降低有效井底压力，也可使地层流体进入井内。假如钻井液的静液压力比地层压力高得多，侵入体积通常是小的。但是，若在钻具运动前该压差小，那么很容易引起溢流。

在钻井液静液压力超过地层压力时也可能发生地层流体侵入钻井液的情况。在正常钻进中，由于地层内含有大量的天然气、石油或盐水，这些流体可能严重地侵入钻井液。钻进的油气显示，是指地层流体（通常是天然气或油）占据钻头钻过的岩石孔隙空间。若地层薄，就不会有多少地层流体进入钻井液中。但是，如果所钻的地层较厚，特别是含有天然气时，那么钻进的油气显示就可能有相当大的体积。因此，厚的含天然气砂层不应钻得太快。

连续少量地进入井内的天然气被称为原始天然气（或背景天然气）。原始天然气通常来自低渗透性岩层，如页岩。但是在压力极不平衡的情况下，某些流体可以从井壁周围流入井内。原始天然气的增加表示地层压力的增大或者表示钻井液静液压力的减小。

如果钻井液侵染严重，在钻井液返回到地面时用肉眼就可以观察到。是否发生气侵可以用量钻井液密度的办法来测量。天然气、油和盐水一般比钻井液轻。因此，钻井液如被侵染，则返出的钻井液比进井的钻井液密度小。当然，气侵钻井液的密度降低量要比油侵、盐水侵钻井液的密度下降得多。天然气不仅密度小，而且当它到达地面时体积要大大膨胀。

应用天然气检测器或热阻丝分析装置。来自钻井液返出管线的天然气用管子吸送至检测器并通过专门的灯丝，灯丝充电，并使天然气燃烧。对天然气燃烧所引起的电阻变化进行测量，而后换算成天然气的当量"单位"（一个单位的天然气是一个相对数字，它的大小全取决于设备的刻度）。如果要钻含有酸性气体（H_2S）的地层，就必须使用 H_2S 探测器。

少量盐水污染是看不见的。但是较大量污染可以改变钻井液的流变性能与化学性能。除非钻井液已经含有高浓度的盐，否则盐水可以使钻井液"起泡"。同样，钻井液黏度、静切力与氯化物含量都可能增加。钻井液流变性可以用马氏漏斗或范氏黏度计来测量。氯化物含量可以用钻井液滤液作简单的化学试验来确定。

气侵尽管有时很严重，但是它很少能使静液柱压力下降到足以引起溢流的程度。因为天然气具有很大的压缩性，所以对井下钻井液平均密度的影响通常是很小的。另外，盐水和油通常是不可压缩的。只有当钻井液密度高而气侵又严重时静液压力才能明显下降。

在钻井液再循环到井内之前污染的钻井液应进行处理。对于较大量盐水与油侵的钻井液应使其离开主要循环罐加以储存，或者进行适当的处理。过多天然气必须用机械方法加以清除。钻井液通过振动筛的筛布时，一些天然气可以释放出来。剩余的大部分气体可以用钻井液—气体分离器或钻井液除气器清除。钻井液—气体分离器是高大的圆柱形罐，带有半月形挡板或旋涡塔盘。气侵钻井液被泵送到罐的顶部，使它通过挡板下降。

某些罐的顶部可抽汲形成小的真空，以便帮助气体排出。干净的钻井液从底部流出返回到钻井液池。真空除气器是个小的装置，直接装在钻井液罐上面。钻井液被吸入，流经挡板以使流动面积最大。浮动阀与反冲式抽汲造成高的真空压力，使得钻井液携带的气体释放出来。除气装置所能处理的钻井液量应大于正在循环的钻井液量。安装位置应使从第一个钻井液罐吸取的钻井液能排到第二个钻井液罐。这种相反方向的流动确保气侵钻井液不进入泵内。

不能用常规的办法把侵入钻井液中的盐水与油从钻井液里清除出去。处理较少量盐水与油侵钻井液的方法是加一些化学剂和水。化学物质使油乳化到钻井液里。对于盐侵的钻井液，加水、烧碱与分散剂处理。这样处理使钻井液的黏度与静切力恢复到正常水平。

4. 钻井液柱高度降低

井内钻井液液面的下降会降低静液压力。钻井人员应当认识到静液压力下降到一定程度时，就有可能导致溢流。

井内液柱压力超过地层破裂强度时，就会造成井漏。

高钻井液密度以及起下钻时的压力波动，会使地层受到过大的压力，特别是在深井井眼内静液压力加上环形空间的摩擦压力损失有可能高到足以破坏地层。

当排出管线上相对流量剧烈下降时，井漏首先能检测出来。在没有流动时，流量计是一个垂直悬挂在排出管线里的一个叶片。钻井液流过时，推动叶片伸向水平位置。装在排出管线顶部的传感器检测出叶片运动，并且发出适当的信号送到司钻控制台的流量表和记录仪上。流量表能表示流量变化，表的刻度只指示流量的相对变化。如果没有液体流动，表的读数应当是 0；如果是满流，表的读数是 100%。

井漏的另一种显示是钻井液罐液面下降。这种情况发生在泵入井内的钻井液量大于返出的钻井液量。钻井液罐液面指示器是用来测量钻井液量变化的。钻井液罐液面指示器是放在每个钻井液罐里的一串浮子。浮子随钻井液液面上下浮动，从而连续地送出电动或气动信号。由于每个钻井液罐装有不同的钻井液量，而我们特别感兴趣的是总容积量，所以还需要把许多单个信号进行"相加"，这样就给钻井液罐液面指示器另外一个名称，即钻井液罐容积总计装置（PVT）。然后将这个总计信号传送到司钻很容易看到的两块表和一个记录器上。其中一块表显示在用钻井液罐里钻井液的总容积，另一块表的刻度指示钻井液液面微小变化。记录仪对钻井液罐容积变化提供永久性记录，而且可能使司钻观察到容积变化的趋势。这对于钻井液罐液面变化慢的情况是很有价值的。

钻井液罐液面指示器在半潜式钻井船上使用不太可靠。钻井液液面随钻机周期性运动而浮动。每个罐的中央放置浮动的传感器在一定程度上降低了效果。另一个可能解决的办法是在每个罐里使用不止一个传感器。在驱动司钻控制台上的可见指示器之前，信号要进行平均与加和。

相对流量计与钻井液罐液面变化指示器都应装有发声警报器。表上的读数超出司钻所规定的范围时，警报器就会发出声音，立即引起对可能出现的问题的注意。由于钻机的运动，在半潜式钻井船上反应的必要时间比较长。

（三）钻井时已发生溢流的检测

钻进时溢流信号表示地层内的流体可能正在进入井内，钻井人员应当立即关井以控制溢流。如果压裂地层就不能关井，应当把井内的流体安全地向井场外分流。

地层流体侵入井内，会在钻井液循环系统引起两种显著的变化。一是侵入流体的体积增加了在用钻井液系统的钻井液总量。二是钻井液返回的排量超过钻井液泵入量。这两种变化可用下列方法检测：

（1）排出管线相对排量。

（2）停泵，井内流体继续排出。

（3）罐内钻井液体积增加。

（4）泵压降低，排量增加。

（5）在起钻时，灌入的钻井液量不正常。

1. 相对流量增加

侵入井内的地层流体能帮助泵把环形空间中钻井液向上推动，并排出。这就造成排出管线的钻井液排量超过泵入排量。应当用流量显示表或装在排出管线上的相对流量表来检测流量的增加。

有时候，在钻井液里有少量天然气会错误地显示溢流在发生。气体到井口就会膨胀。这种膨胀把钻井液更快地推出井口，从而也就增加了排出管线里的流量。即使对这种情况有怀疑，钻进也应当停止并对井进行流量检查。

2. 停泵以后，排出管线内仍有流量

在停泵以后，钻井液仍从排出管线流出的现象显然标志着溢流正在发展。由于侵入井内的地层流体推动环形空间的钻井液向上并使得钻井液继续排出，通常，这种显示可以用来检查其他的警报信号。这种方法叫流量检查。

流量检查有可能反映的不是流量增加。第一，如果钻柱内的钻井液比环形空间里的钻井液重，就有可能产生 U 形管效应。起钻之前，向井内打入一段钻井液塞以后这种现象就特别明显。第二，停泵以后油基钻井液比水基钻井液继续流动的时间长一些。其原因有可能是油基钻井液具有较好的可压缩性。第三，在钻井液里有少量气体膨胀，因此即使无气侵，钻井液也会继续流出。

3. 钻井液池钻井液体积增加

地层流体侵入井内，而且变成钻井液系统中的一部分时，钻井液池液量就增加。这种显示通常认为是气侵正在发展的第一个确切信号。钻井液池钻井液体积增加的情况应当用流量检查加以确认。

钻井的其他作业也可能使钻井液池钻井液体积变化，从而使得溢流指示器不能反映真实情况。最通常引起钻井液量增加的有：

（1）钻井液处理剂，特别是重晶石和水。

（2）钻井液倒罐。

（3）钻井液固控设备的启动与停止。

（4）钻井液除气设备的启动与停止。

4．泵压降低

各种地层流体的大量侵入，特别是气体，使环形空间静液压力降低。由于 U 形管效应，钻杆内的钻井液流向环形空间，这样就降低了钻井泵的负荷，从而泵压降低。有时由于泵压降低可使泵速稍有加快，有些钻机的泵速变化，可由电动机声音的变化来发现。

5．起钻灌钻井液不正常

起钻引起静液柱压力降低的原因有两个。第一，钻具起出使井内钻井液液面降低。第二，由于起钻速度过快，钻柱下部的抽汲力将地层流体抽入井内。起钻时，向井内灌钻井液，来保持井内的液面。如果地层流体已进入井内，就应定期检查灌进的钻井液量。灌钻井液量是否合适可以比较起出钻具的体积和灌入钻井液的体积，如果灌入钻井液体积小于所计算的起出钻具的体积，那么就有可能已经发生了溢流。

灌入井内的钻井液体积可以用钻井液补充罐、泵冲数计数器、流量表或钻井液罐液面指示器来测量。钻井液补充罐与泵冲计数器是最普通的，也是最可靠的。

最普通的钻井液补充罐是重力灌注式罐。为了使补充罐工作正常，其出口管必须高出井口的进口。有的罐在井口出口管短节上接灌入管线。为了便于靠重力把钻井液从罐里放出，通常把罐装在高架上。因为罐里的钻井液液面高于排出管线，所以要用阀门来控制钻井液进入排出管线。这种重力补充罐不能连续地向井内灌钻井液。

另一种补充罐使用一个小离心泵把钻井液从罐打到井里，井里溢出的钻井液返回到罐里。这种补充罐有以下优点：（1）灌注是连续进行的；（2）进入井口的管线是灌注管线；（3）因为不依靠重力，所以比较容易安装。

补充罐容量有限，需要定期地从钻井液池向补充罐打钻井液，这需要时间，因此某些钻机使用双补充罐。一个罐用来向井内灌钻井液，同时向另一个罐补充钻井液。

如果补充罐不能用，钻井泵可以用来向井内灌钻井液。每次灌的钻井液量用泵冲数来计算。冲数乘以排量得出体积。钻井泵排量表的排量通常比实际排量高，在现场应当定期地进行泵效率校验。

一般，每起 3～5 立根钻杆就要进行一次灌浆检查，而对于钻铤则每起出一个立根便要进行灌浆检查。在进行灌浆量与钻具排液体积比较之前，井内的钻井液液面下降不得超过 30m。

应当使用起钻记录或起钻日志来记录每次灌钻井液的体积与测量值。向井内灌钻井液量通常是逐渐变化的。记录数字使得钻井人员了解起出钻杆的数量。同样，还可以和以前的各次起钻做各种比较。最终的体积计算值与测量值也应当记录在钻井日志上。

第二节　溢流关井程序

一、分工与关键点

（一）分工

发现溢流决定关井要考虑许多因素，如井深、套管鞋位置、溢流大小、防喷器的能力、周围环境、钻机和井队人员安全等。钻井监督或作业者代表、队长、钻井技师、各班司钻都应在发生溢流之前，讨论好钻井过程中随时关井的必要程序。全井队人员要分工负责，密切配合，必须严格遵守正确的关井操作程序。

实施关井操作时，各岗位人员分工必须明确，只有这样才能真正做到班自为战。

1. 值班干部

（1）接班检查。

① 认真检查工程、地质、钻井记录，清楚了解所钻地层、岩性、井深、压力梯度、钻井液密度，以及井下情况。

② 检查井控主要设备的完好状况，防喷器、监测仪表、节流压井管汇、控制系统是否处于完好待命工况。

③ 检查重钻井液、重晶石储备情况。

④ 检查各岗位井控职责执行情况。

（2）钻进。

① 听到报警长鸣信号后，组织并监督各岗位人员立即处于临战状态，迅速各就各位、各司其职。

② 上钻台，协助并监督各岗位正确实施关井操作程序，按标准操作控制井口。

③ 组织相应岗位人员，准确求取记录关井后的立管压力、套管压力及溢流量。

④ 关井后，立即将溢流原因及井上情况上报大队或钻井公司或钻井监督办公室。

⑤ 组织防火、警戒工作以及压井前的准备工作。

⑥ 遇到特殊情况，来不及上报请示，可与司钻等人员协商，果断迅速处理，同时向上一级主管部门报告。

（3）接单根时的检查。接单根时的检查与钻进时职责相同。

（4）起下钻杆、起下钻铤、空井时的检查。在条件允许的情况下，组织力量尽可能多下钻杆，以利于井控作业，其余职责同钻进工况。

2. 司钻

（1）接班检查。

① 认真了解所钻地层、岩性、井深、压力梯度钻井液密度等井下情况及上班工作情况。

② 检查司控台气源、各表压、各手柄是否符合要求。

③ 进入油气层后，每次下钻前开关活动闸板防喷器一次，每下两只钻头必须在下钻前检查环形防喷器一次。

④ 检查指重表、立管压力表、报警喇叭是否灵活好用。

（2）钻进过程中的检查。

① 接到溢流信号，立即鸣长笛报警。

② 停转盘、上提方钻杆接头出转盘面、停泵。

③ 按正常关井程序在司控台实施关井。先开液动阀，再关环形防喷器，后关闸板防喷器，或者通知副司钻在储能控制台（原称远控台）实施关井，迅速控制井口。

④ 将溢流量、关井立管压力、关井套管压力报告值班干部。

（3）接单根时的检查。

① 接到溢流信号，立即鸣长笛报警。

② 若刚卸开方钻杆，则抢接止回阀（有方钻杆旋塞可不接止回阀），再迅速接上方钻杆。

③ 若已在小鼠洞接上单根，则应在井口快速接止回阀，然后上提小鼠洞单根并与止回阀相接，下放钻具方钻杆下接头至转盘面。

④ 在司控台关井或通知副司钻在储能控制台操作关井。先开液动阀，再关环形防喷器，后关闸板防喷器。

⑤ 将溢流量、关井立管压力、关井套管压力报告值班干部。

（4）起下钻杆过程中的检查。

① 接到溢流信号，立即鸣长笛报警。

② 停止起下钻作业，将钻具坐于吊卡上，将大钩提高至转盘面以上 5m 左右。

③ 指挥内、外钳工，抢接止回阀。

④ 在司控台操作关井，或通知副司钻在储能控制台（原称远程控制台）操作关井，先开液动阀，后关环形防喷器，后关闸板防喷器。

⑤ 指挥井架工试关节流阀，注意关井压力不能超过允许的安全压力。

⑥ 关井后，再挂水龙头接方钻杆。

⑦ 观察记录关井立管压力、套管压力、溢流量，将溢流量、关井立管压力、关井套管压力报告值班干部。如果钻杆上已接上止回阀，则必须采用缓慢开泵顶开止回阀的方法求取立管压力。

（5）起下钻铤时的检查。

① 接到溢流信号，立即鸣长笛报警。

② 停止起下钻作业。

③ 抢接带止回阀的钻杆单根。

④ 在司控台操作关井或通知副司钻在储能控制台操作关井。

⑤ 关井后，再接方钻杆。

⑥ 将溢流量，关井立管压力、关井套管压力报告值班干部。

注意：在起下钻铤或空井时发现溢流，要根据当时具体情况，在条件允许的情况下，要尽量多下几柱钻杆，一则增加钻具重量，再则为下一步压井创造有利条件。究竟下不下钻杆，或者下多少钻杆，要根据当时井上具体情况而定。

（6）空井时的检查。

① 接到溢流信号，立即鸣长笛报警。

② 如果情况允许，要尽可能多下几柱钻杆，抢接止回阀。

③ 在司控台操作关井，先开液动阀，再关环形防喷器，后关闸板防喷器，或通知副司钻在储能控制台关井。

④ 接方钻杆。

⑤ 如果情况紧急，已出现溢流，没有条件抢下钻杆，则在司控台迅速打开液动阀，再关闭环形防喷器，后关闭全封闸板防喷器或通知副司钻在储能控制台（原称远程控制台）操作关井。

⑥ 将溢流量、关井立管压力、关井套管压力报告值班干部。

3. 副司钻

（1）接班检查。

① 检查储能控制系统表压、油量、电控箱、电泵气泵、管汇及阀件是否符合规定要求，是否处于待命工况。

② 进入油气层后，每只钻头下井，除环形防喷器外，必须对每个控制对象操作检查一次。对环形防喷器每下两只钻头检查一次。

③ 检查加重、除气、搅拌装置及净化系统是否处于随时可运转的状态。

④ 检查加重料、重钻井液储备是否满足要求。

⑤ 检查钻井泵系统是否工作正常。

（2）钻进时的检查。

① 听到报警信号，看到司钻上提钻具后停泵，迅速赶到储能控制台待命。

② 密切注视钻台，接到司钻关井的指令后，在储能控制台迅速关井。先开液动阀，再关环形防喷器，后关闸板防喷器。

③ 检查控制对象是否操作到位。

④ 坚守岗位，随时听从指挥。

（3）接单根时的检查。

① 听到溢流警报信号后，迅速赶到储能控制台待命。

② 密切注视钻台，接到司钻关井指令后，按常规关井程序迅速关井，先开液动平板阀，再关环形防喷器，后关闸板防喷器。

③ 检查控制对象是否操作到位。

④ 坚守岗位，保证控制系统运转正常，随时听从指挥。

（4）起下钻杆时的检查。

① 听到溢流警报后，立即赶到储能控制台待命。

② 密切注视钻台，接到司钻关井的指令后，按常规关井程序迅速关井。

③ 检查控制对象是否操作到位。

④ 坚守岗位，保证储能控制系统处于正常运转状态，随时听从指挥。

（5）起下钻铤时的检查同起下钻时一样。

（6）空井时的检查。

① 听到溢流警报后，立即赶到钻台。

② 根据溢流的大小，情况允许的条件下，协助司钻强行下钻。

③ 如果情况紧急，不允许下钻，迅速赶到储能控制台。接到司钻关井指令，迅速关井。先开液动平板阀，再关环形防喷器，后关全封闸板防喷器。

④ 检查控制对象是否操作到位。

⑤ 坚守岗位，保证储能控制系统处于正常运转状态，随时听从指挥。

4．井架工

（1）接班检查。

① 检查井口防喷装置、防护罩、手动锁紧操纵杆、节流管汇、放喷管线的固定、清洁卫生是否符合要求。

② 检查各阀门的开启与关闭是否符合规定要求，如图 6-1 所示。

③ 检查立管压力表、套管压力表、溢流监测装置是否齐全、灵敏、可靠。

（2）钻进检查。

① 钻进时负责观察井口钻井液返出情况，做好钻井液池液面变化情况记录，

发现溢流及时报告司钻。

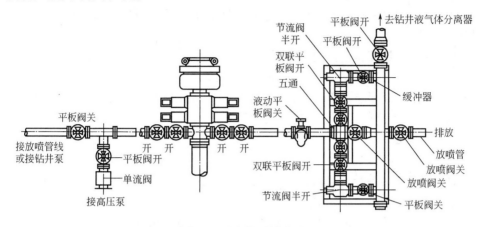

图 6-1　各阀的开关状态

② 听到长鸣报警信号，立即赶到节流管汇处，迅速扫视各阀开关状态是否符合要求，接到司钻指令，迅速打开××号平板阀（如果该平板阀是液动的由副司钻打开，如果是手动的由井架工打开）。

③ 防喷器关井后，慢慢关闭手动节流阀（软关井）。

④ 记录关井稳定后的立管压力和套管压力及溢流量，并报告司钻或值班干部。

⑤ 从关井时算起，密切监视立管压力和套管压力的变化。如果超过允许的安全关井压力，则要开启节流阀降压。

（3）接单根检查与钻进时相同。

（4）起下钻杆检查。

① 听到溢流长笛报警信号后，看游车不再上行立即停止起下钻作业。

② 安全迅速从井架二层台下来，赶到节流管汇处。

③ 迅速扫视各阀门的开关状态是否符合待命工况的规定要求。

④ 密切注视钻台，接到司钻指令，迅速打开××号平板阀（该阀如果是液动的由副司钻打开，如果是手动的由井架工打开）。

⑤ 防喷器关井动作完成后，慢慢关闭手动节流阀（软关井）。

⑥ 记录关井稳定后的立管压力和套管压力及溢流量，并报告司钻或值班干部。

⑦ 关井后，密切监视立管压力和套管压力的变化，如果超过允许的安全关井压力，则只有开启节流阀降压。

（5）起下钻铤检查与起下钻杆相同。

（6）空井检查。

① 听到溢流报警信号后，立即赶到钻台，听从司钻指挥。

② 根据溢流大小，在情况允许强行下钻的条件下，立即上井架二层台，抢下钻杆。

③ 接到司钻停止下钻的指令后，安全迅速从二层台下来，赶到节流管汇处。

④ 继续完成起下钻杆时的第③～⑦条职责。

⑤ 如果情况紧急，不允许强行下钻，则也要完成起下钻时第③～⑦条职责，只不过此时没有立管压力，只能记录套管压力。

5．内钳工

（1）接班检查。

① 井口工具齐全、灵活好用，旋塞扳手放在明显处。

② 立管压力表灵敏可靠。

③ 止回阀接头等内防喷工具无锈蚀、阻卡，螺纹清洁并涂有螺纹脂。

（2）钻进检查。

① 听到溢流警报后，立即上钻台。

② 与外钳工配合，待方钻杆接头出转盘立即扣上吊卡。

③ 准备好旋塞扳手，听从司钻指挥。

④ 观察立管压力变化。

⑤ 必要时，关闭方钻杆下旋塞。

（3）接单根检查。

① 听从司钻指挥，动作快速、准确地接好单根止回阀及方钻杆。

② 观察记录关井立管压力。

（4）起下钻杆检查。

① 听到溢流长鸣报警信号后，与外钳工密切配合，坐好吊卡、接上止回阀，待关闭防喷器后迅速接上方钻杆。

② 根据当时情况，选择求压方法，求压时，注意观察立管压力的变化。

（5）起下钻铤检查。

① 听到溢流长鸣报警信号后，立即上钻台，与外钳工密切配合卡好卡瓦与安全卡瓦。

② 抢接带止回阀的钻杆单根，或者进行强行起下钻。

③ 待防喷器关闭后，迅速抢接上方钻杆。

④ 根据当时情况，选择求压方法，求压时注意观察立管压力变化。

（6）空井检查。

① 听到溢流报警信号后，立即赶到钻台，听从司钻指挥。

② 根据溢流大小，在允许强行下钻的情况下，与外钳工密切配合，完成在井口强行下钻的操作。

③ 停止强行下钻后，坐好吊卡，接上止回阀，待关闭防喷器后，迅速接上方钻杆。

④ 如果情况紧急，不允许强行下钻，则只有在实施空井关井程序后（先开平板阀，再关环形防喷器，后关全封闸板防喷器，试关节流阀），才能离开钻台。

6．外钳工

外钳工的职责与内钳工的相同。

7．场地工

（1）接班检查。

① 钻井液净化系统电路无裸线，电线架空，照明灯闸刀开关及电动机防爆、有保护罩。

② 消防器材、工具齐全、完好。

（2）钻进检查。

① 听到溢流警报信号后，停止振动筛工作，关掉井架照明、循环系统电源、保护探照灯、防喷器控制系统用电。

② 赶到节流管汇处，协助井架工操作控制开关相应的平板阀、节流阀以及防喷器手动锁紧装置。

③ 做好消防设备、器材、工具的准备。

（3）接单根检查。

① 听到溢流报警信号后，停止振动筛工作。

② 上钻台，协助内、外钳工操作。

③ 接上止回阀后，跑到节流管汇处，协助井架工操作。

④ 关井后，做好消防器材、工具的准备。

（4）起下钻杆检查。

① 听到溢流报警信号后，上钻台协助内、外钳工操作。

② 接上止回阀后，赶到节流管汇处，协助井架工操作。

③ 关井后做好消防器材、工具的准备。

（5）起下钻铤检查与起下钻杆相同。

（6）空井检查。

① 听到溢流报警信号后，首先上钻台，听从司钻指令。

② 如果情况允许强行下钻，其职责与起下钻杆职责相同。

③ 如果情况紧急，没有条件强行下钻，则到节流管汇处，协助井架工操作。

④ 关井后做好消防设备、器材、工具的准备工作。

8．柴油机司机

（1）钻入油气层后，要保证机房及周围无油污，排气管通冷却水，消除一切火灾隐患。

（2）听到溢流报警信号后，先开 2 号、3 号车，运转正常后再关停 1 号车。

（3）密切注视钻台，接收司钻各项指令。

9. 司助

（1）协助司机做好一切工作，听从司机指挥。

（2）协助关闭手动操纵杆，锁紧防喷器。

10. 发电工

（1）听到溢流报警信号，切断钻井液循环系统电源。

（2）关闭井架灯、钻台灯、机泵房灯。

（3）保护好防喷器控制系统用电和探照灯用电。

在测井和下套管过程中发生溢流时，应注意以下两点：

（1）测井时发现溢流，在条件允许的情况下，争取把电缆起出，然后按空井工况去完成关井操作程序。如果情况紧急，没有起出电缆的时间，则只好切断电缆，然后按空井工况去完成关井操作程序。

（2）下套管前，应将防喷器芯子换成与套管尺寸相一致的闸板芯。准备好与套管螺纹一致带大小头的止回阀。遇到溢流后，其关井操作程序按下钻杆关井程序进行。

（二）关键点

1. 关井要及时果断

一旦发现溢流，关井越迅速，溢流就越小。溢流越小，越容易控制，一般控制程序也越安全。

不论关井的责任是谁的（通常是司钻的），这个人必须反应迅速，行动果断。这种动作要成为他们的第二本能。这就要求进行防喷训练。因为这样的操作通常需要较多人的配合，全体井队人员必须熟练他们的操作，并且要掌握整个井控过程的相关知识。要记住以下几点：

（1）钻井工况有改变时，要及时讨论关井的程序。

（2）发现溢流时，关井要求行动果断。

（3）溢流越小，就越容易控制。

（4）井队全体人员必须知道他们自己的任务，并且具有整个井控作业的相关知识。

（5）关井程序要考虑多种因素，只考虑一种情况是不够的。

2. 关井不能压裂地层

地层压裂梯度是使地层破裂或扩大已有裂缝的最小压力。换句话说，就是产生漏失的压力。井漏如发生在关井或压井的过程中，其结果会发生地下井喷。如发生在浅层或是地表裂开，将造成无控制的地面井喷，通常的结果是钻机毁掉和人员伤亡。

　　通常一口井的薄弱部分是在最后一层套管鞋附近。确定压裂梯度的最好办法是在下套管后进行地层试漏试验。从试验中获得的这个压力可告诉操作者在压井过程中能用多大的回压（关井最大允许套管压力）。这项资料很重要，必须与其他预测资料一起贴在井场易见处。

　　另一个要记住的要点是：这个压力与井内钻井液密度增加成反比，其关系如图 6-2 所示。在这个例子中，已下入 1524m 套管，并进行了地层试漏试验。在地层破裂前，能承受 8.274MPa 的压力，试验时井内钻井液密度为 1.088g/cm³。计算得出地层压裂梯度为 16kPa/m。这相当于钻井液密度为 1.638/cm³。假如把钻井液密度加到 1.38g/cm³，可以看到最大允许套管压力只有 3.723MPa，而不是原来的 8.274MPa。

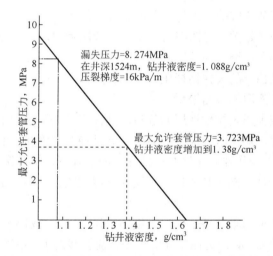

图 6-2　关井最大允许套管压力与钻井液密度的关系

二、发现溢流关井

（一）钻进时发现溢流关井

在钻井过程中，发现溢流，关上了井，这是最有利的，因为钻头在井底或接近井底。这是正常压井程序的先决条件。迅速采取行动是很必要的，如何强调也是不过分的。国际钻井承包商协会推荐的钻井过程中的关井程序通常称为硬关井，其程序如下：

　　（1）提方钻杆，使接头正好在转盘面以上。

　　（2）如需要，停泵并检查井内流出情况。

（3）关防喷器（是关环形防喷器还是闸板防喷器取决于油公司的规定）。

（4）观察并记录稳定的关井钻杆压力和套管压力。

（5）记录钻井液池液面的增量。

这种方法的优点是在发现溢流以后，只让最少量的地层流体流入井内。如前所述，溢流量越小，压井作业越容易。对"硬关井"也有不少争议，主要是要冒过大压力加于薄弱地层上的风险，增加地层压裂的危险，容易引起井下井喷。压力激动来源于运动液体突然被停止时传递的能量，很像水击现象。为了避免这个风险，推荐另一个方法，就是软关井法。两个方法唯一的不同是软关井关防喷器时，把节流管线打开让液流分流，之后使用可调节流阀关井。这个程序如下：

（1）提方钻杆，使接头正好在转盘面以上。

（2）如需要，停泵并检查井内流体情况。

（3）打开可调节流阀的同时打开节流管线上的阀门。

（4）关防喷器（是关环形防喷器还是关闸板防喷器取决于油公司的规定）。

（5）慢慢地关上可调节的节流阀。

（6）观察记录稳定的关井钻杆压力和套管压力。

（7）记录钻井液池的液面增量。

软关井可以减少压裂松软地层的危险，其优点是关井过程中可以仔细监控套管压力上升的情况，避免压裂地层；另一好处是使节流管线上的阀门不因有压差而"停止工作"。不少作业者在钻井条件许可的情况下，将可调节流阀部分打开。软关井的明显缺点是，操作时间长，从发现气侵到关井，会有更多的地层流体进入井内。

关于是使用环形防喷器还是使用闸板防喷器关井，这取决于各油公司的规定。如用闸板防喷器关井，必须装在压井管线和节流管线之上。不管用哪种方法关井，其结果必然是一样的，必须把井关严，这样才能得到准确的关井压力。没有这个压力，将不利于压井作业，浪费时间。

（二）起下钻时发现溢流关井

在起钻时，同样是要及早发现溢流并关井，但这时钻具离开了井底，每起一根立柱都要增加溢流量，因此，一发现溢流，就应该立即停止起钻作业，按下列程序进行关井（软关井法）：

（1）在转盘上用卡瓦卡住钻杆。

（2）装上止回阀接头。

（3）如有可能，开始向井内下钻，直到不安全处为止（这种办法可能不聪明或者不安全，而强行下钻至井底，可能是更安全）。

（4）打开可调节流阀的同时打开节流管汇上的阀门。

（5）关防喷器。

（6）慢慢地关可调节流阀。

（7）接方钻杆。

（8）观察并记录关井钻杆压力（在用泵的压力顶开内防喷器求地层压力时记录当量压力）和套管压力。

（9）记录钻井液池液面增量。

在进行该程序中的步骤（3）时，需要具有快速判断能力。因为钻机和钻井人员安全处于危险之中，要迅速正确作出决定。假如要"付出井喷和生命的代价"而"不惜一切地强行下钻"，这是不明智的，当然此时进行井控是复杂的，但并非不可能。我们已经对"硬关井"和"软关井"的优缺点进行了对比讨论，但是发生的情况会使问题变得复杂。如果已决定强行下钻，那么溢流量就会增加，而硬关井不会增加溢流量。此时溢流量也有可能使压力增加到足以把薄弱地层憋裂。在这种情况下，负责处理井喷的监督要根据集团公司的规定和实际情况作出恰当的选择。

（三）井内没有钻具时发现溢流关井

井内没有钻具，已无明显预兆。这时主要的任务是尽可能地控制这种情况，要迅速做出安全的决定。当井内没有钻具时，通常的程序如下：

（1）将钻具下到井内，越深越安全（注意：下钻杆要比下钻铤快）。

（2）如可能立即在钻杆上装止回阀。

（3）在转盘上，用卡瓦卡住钻杆。

（4）打开可调节流阀的同时打开节流管线上的阀。

（5）关防喷器。

（6）关可调节流阀。

（7）接方钻杆。

（8）观察并记录关井钻杆压力（或是当量压力）和套管压力。

（9）记录钻井液池液面增量。

这种情况是非常紧张的，时间越久越难办，所以硬关井常为人们使用。这样在程序中去掉步骤（4）和步骤（6）。这种情况下的井控程序就与起钻时的硬关井程序一样了。假如强行下钻是不安全的，可以进行顶部压井。在任何情况下，都要先考虑强行下钻是否可行。

（四）下套管和尾管时发现溢流关井

下尾管时发生溢流，通常的处理方法和钻井过程中发生溢流一样。如尾管已快接近井底，在没有卡钻之前，应尽力强行下到预定的位置。假如尾管不能强行下到预定位置，则考虑强行起到套管内。这将防止尾管在不稳定的裸眼内造成卡钻，这些控制程序应预先讨论好。在任何强行起钻的作业中，钻井液必须通过压井管线泵入环形空间以替换起出钻杆的体积，保持套管压力。

下套管时发生溢流是很麻烦的。假如下入的套管距预计套管鞋还有很少几根，那就强行下到位置。若下入的管子很少，环空的压力将有顶出套管的倾向。在这种情况下，就必须顶住套管，并灌钻井液。若是下入套管很多，由于组合拉力、环形空间的外压力和防喷器关井压力，可能挤扁套管。因此，关环形防喷器必须十分注意将节流管汇全部打开。在下套管时，由于环形空间极小，很容易发生井漏和地下井喷的危险。井控的最后一个手段，可能要通过套管泵入重晶石塞子或是将套管注入水泥加以固定。

（五）在气候寒冷地区钻井溢流时的关井

在极冷情况下，设备和技术都出现不少特殊问题，如使用钻井液的类型、节流阀和节流管线的情况、电控制器和方钻杆连接等问题。在北极，钻进时，把节流阀关上，并在管线里灌满特殊液体以防止水基钻井液冰冻。另外一个基本问题是方钻杆冰冻的问题。

等待压力稳定的时候，悬在空气中的方钻杆会冰冻。假如相信这些问题会发生，下列程序可供讨论。其余办法必须由钻井承包单位和油公司讨论决定。

冷天气时，关井程序如下：

（1）提方钻杆，使接头正好在转盘面以上。

（2）如需要，则停泵检查井内流出情况。

（3）打开可调节流阀和节流管汇上的阀门。

（4）关防喷器。

（5）关可调节流阀。

（6）关方钻杆下旋塞并卸开方钻杆，防冻（假如需要则重复做）。

（7）套管压力稳定后，接方钻杆，开泵加压，并慢慢打开方钻杆下旋塞（假如需要则重复做）。

（8）观察并记录压力。

（9）记录钻井液池液面增量。

在压井作业开始之前，时间多的话，经常需要重复步骤（6）和步骤（7）。用这种方法，有可能由于压差大阻止方钻杆下旋塞打开，那就要启动钻井泵使泵压等于这个压力。

（六）防止关井压裂地层的分流程序

关井会压裂地层，这在浅层是较普遍的。

在井内压力高的情况下，关井而不破坏最薄弱地层，多数是不可能的。如在溢流的初始阶段，关井可能造成地面薄弱地层破裂。分流系统的发展，正是为了解决这个问题的。一个大尺寸的筒式防喷器（或是旋转防喷器）阻止流体喷向钻台，通过大直径放喷管线将流体引出井场以外。这个系统能够自动工作。当分流器关闭时，放喷管线上的全开阀门就自动打开，流体就被引出井场以外（如装的是旋转防喷器，钻井液出口管线关闭，放喷管线打开）。溢流时地层流体到达地面的速度快，要求人们立即判断出地层流体侵入井内的情况。以下列出了发现或者怀疑溢流发生时的分流程序：

（1）提出方钻杆，使钻杆的上接头正好在转盘面以上。

（2）打开放喷管线（海上放喷管线上的阀门是自动打开的）。

（3）停泵。

（4）关上分流器。

（5）发出警报。

（6）若在海上，确定风向并且不使用关上的分流管线。

（7）开泵，尽可能高速向井内泵入液体。

（8）熄灭所有明火和断掉电子系统。

正规的防喷器组装好以后，分流井控便可保证。若正常关井程序会使套管鞋处地层的完整性损坏，这将造成地下井喷，此时分流就能解决这个问题。如果分流器已拆除，就得用全开节流管汇、关上环形防喷器的办法来分流。但由于节流管线尺寸小（与分流系统的放喷管线相比），仍会有回压作用到地层上。这个压力小，并不能破坏地层的完整性。其他井控方法也可能成功，但是简单的分流系统决不能被忽视。

分流命令必须迅速发出。但如侵入的气体是硫化氢（H_2S），这种有毒的气体不能放到大气中，为保护人身安全可烧掉这种气体。

在浮动钻井船中进行正常井控后，留在防喷器组下的天然气，也可用分流器放空。

注意：如关井可能引起井下井喷，则分流，特别是在浅部地层。

复习思考题

1. 溢流出现最普遍的原因是什么？

2. 怎样保证起钻时灌满钻井液？

3. 怎样最大限度减少钻井液密度不够引起的溢流现象？

4. 简述减小钻井液漏失引起的溢流现象的方法。

5. 简述钻井设计时检测溢流的方法。

6. 简述钻井时检测溢流的方法。

7. 简述钻进时检测溢流的方法。

8. 关井时要特别注意什么问题?

9. 钻进发生溢流时关井程序是什么?

10. 起下钻发生溢流时关井程序是什么?

11. 空井发生溢流时关井程序是什么?

12. 下套管发生溢流时关井程序是什么?

13. 在寒冷地区钻进发生溢流时关井程序是什么?

第七章　压井

第一节　常规压井工艺技术

关井后立管压力为零表明钻井液静液柱压力足以平衡地层压力，溢流发生是因抽汲、井壁扩散气、钻屑气等使环空钻井液静液柱压力降低所致。

（1）关井套管压力为零时，保持原钻进排量、泵压，以原钻井液打开全部节流阀循环、排出受污染的钻井液即可。

（2）关井套管压力不为零时，应控制回压维持原钻进排量和泵压排除溢流，恢复井内压力平衡。再用短程起下钻检验，决定是否调整钻井液密度，然后恢复正常作业。

（3）关井立管压力不为零时，根据井身结构的不同可采用边循环边加重、一次循环法（工程师法）及二次循环法（司钻法）等常规压井方法，也可以采用置换法、压回法等特殊压井方法以及低套管压力压井法等非常规方法压井。

一、常规压井方法的选择

（一）选用压井方法的一般准则

压井方法的选用是关系到压井成败的重要因素，选用时需考虑以下因素：

（1）根据计算的压井参数和本井的具体条件，如溢流类型、重钻井液和加重剂的储备情况、加重能力、井壁稳定性、井口装置的额定工作压力等选择压井方法。

（2）如果井涌被发现及时，采用一般的或者常规的压井方法就可以控制；但如果发现得不及时，则可能给后期抢险造成巨大的麻烦，常规的、低风险的压井方法也就无法使用。

（3）井内管柱的深度和规范。一些套管下得较浅、地层破裂压力较低的井，不适宜用常规的压井方法进行压井。

（4）管柱内阻塞或循环通道阻塞。如果压井时钻头水眼被堵，则常规的压井方法和反循环压井方法可能无法使用。

（5）实施压井工艺的井眼及地层特性。在地层侵入物压力一定的情况下，储层物性差的地层肯定要比储层物性好的地层好处理。

（6）空井溢流关井后，根据溢流的严重程度，可采取强行下钻到底法、置换法、压回法等特殊压井方法分别进行处理。

（7）天然气溢流不允许长时间关井而不作处理。在等候加重材料或在加重过程中，视情况间隔一段时间向井内灌注加重钻井液，同时用节流管汇控制回压，保持井底压力略大于地层压力，排放井口附近含气钻井液。若等候时间长，则应及时实施司钻法第一步排除溢流，防止井口压力过高。

（8）压井施工前必须进行技术交底、设备安全检查等工作，落实操作岗位，详细记录立管压力、套管压力、钻井液泵入量、钻井液性能等压井参数，认真填写压井作业施工单。

以上这些因素是压井方法选择的主要依据。下文将就如何选择合适的压井方法以及各种状况下井控施工风险的高低作定性介绍，做到合理规避风险，选用最优压井方法和施工工艺。

（二）常规压井法的选用原则

（1）在整个压井过程中，始终保持压井排量不变。

（2）采用小排量压井，一般压井排量为钻进排量的 1/3～1/2。

（3）压井液量一般为井筒有效容积的 1.5～2 倍。

（4）压井过程中要保持井底压力恒定并略大于地层压力，通过控制回压（立管压力、套管压力）来达到控制井底压力的目的。

（5）要保证压井施工的连续性。

常规压井法简言之就是井底常压法，是一种保持井底压力不变而排出井内气侵钻井液的方法。司钻法、工程师法、等待加重法和其他方法都遵守一个重要的准则就是井底常压。每种方法都是通过改变地面压力达到平衡地层压力的目的，唯一的区别是压井过程中第一个循环所用的钻井液密度不同。

工程师法、司钻法、边循环边加重法为压井的三种方法，均可采用。它们具备两个条件：一是能安全压井；二是在不超过套管与井口设备许用压力条件下能循环液流。至于选择哪种方法，可根据各油田的具体情况和压井工程师的经验来定。对于多数经验不足的人员来说，需考虑的问题如下：

（1）完成整个压井作业所需的时间。

（2）由溢流引起的井口套管压力值。

（3）压井方法本身在实施时的复杂程度。

（4）压井作用于地层的井口压力，是否会造成地下井喷。

根据以上 4 个因素，3 种常规压井方法的比较见表 7-1。现场井控人员可以根据现场资料掌握情况、安全风险程度来选用方法。

表 7-1　3 种常规压井方法的比较

压井方法	压井作业所需的时间	井口套管压力极值	实施时的复杂程度	压破套管鞋、地下井喷的可能性
工程师法	最短	最低	最低	最大
司钻法	居中	最高	居中	最小
边循环边加重法	最长	居中	最大	居中

二、常规压井工艺

随着油气勘探钻井越来越深、环保要求越来越高，高压、高含硫、高危的"三高"油气井比例逐渐增加，特别是气井钻井数目的日益增多，使得在钻井过程中压井难度也明显增加。

钻井井控压井环节是井控突发事件的一个风险源。要防止井喷事故，就要及时发现溢流，并立即关好井，但关好井并不意味着安全。在生产实际中，进行多次同方法重复性压井作业，还不能有效控制和排除溢流的实例并非个别，更危险的是不少井喷事故是在关井后的压井作业期间发生的。据不完全抽样调查统计，在关井后的压井作业期间压不住井、不能有效控制和排除溢流而导致发生井喷事故的井占所有井喷失控事故井的比例一度达到40%以上。

（一）压井的基本原理、数据计算及施工单设计

1．压井的基本原理
压井就是向失去压力平衡的井内泵入高密度的压井液，并始终控制井底压力略大于地层压力，不出现新的溢流，以重建和恢复压力平衡的作业。

压井原理：压井是以 U 形管原理为依据，利用地面节流阀产生的阻力（即回压）和井内液柱压力所形成的井底压力来平衡地层压力实现的。

2．压井基本数据的计算
1）溢流种类的判别
确定流体类型主要是看是否有气体侵入井眼中。假如仅仅是液体侵入，那压力控制就很简单 。要可靠地确定侵入流体类型，必须对钻井液池中增加的溢流进行精确的计量。

$$\rho_w = \rho_m - \frac{102(p_a - p_d)}{h_w} \qquad (7-1)$$

$$h_w = \frac{\Delta V}{V_a} \qquad (7\text{-}2)$$

式中　ΔV——溢流量，L；

ρ_w——地层流体密度，g/cm^3；

ρ_m——原钻井液密度，g/cm^3；

p_a——关井套管压力，MPa；

p_d——关井立管压力，MPa；

V_a——溢流所在环空截面积，m^2；

h_w——地层流体在环空所占高度，m。

根据 ρ_w 计算公式计算可确定溢流种类。

当溢流进入井内流体密度为：

（1）$0.12 \sim 0.36 g/cm^3$，则为天然气溢流。

（2）$0.36 \sim 1.07 g/cm^3$，则为油溢流或混合流体。

（3）$1.07 \sim 1.20 g/cm^3$，则为盐水溢流。

2）地层压力及压井液密度的计算

地层压力的计算公式为：

$$p_p = 0.0098 \rho_m H + p_d \qquad (7\text{-}3)$$

压井液密度的计算公式为：

$$\rho_{mk} = \frac{102 p_d}{H} + \rho_m + \rho_e \qquad (7\text{-}4)$$

式中　ρ_{mk}——压井液密度，g/cm^3；

ρ_m——原钻井液密度，g/cm^3；

ρ_e——钻井液密度附加安全值，g/cm^3；一般油井 $\rho_e = 0.05 \sim 0.10\ g/cm^3$，气井 $\rho_e = 0.07 \sim 0.15\ g/cm^3$；

p_d——关井立管压力，MPa。

3）钻柱内外容积及压井液量的计算

钻柱内容积 V_1 的计算公式为：

$$V_1 = \frac{\pi}{4}(D_1^2 L_1 + D_2^2 L_2 + \cdots + D_n^2 L_n) \qquad (7\text{-}5)$$

钻柱外容积 V_2 的计算公式为：

$$V_2 = \frac{\pi}{4}[(D_{h1}^2 - D_{p1}^2)L_1 + (D_{h2}^2 - D_{p2}^2)L_2 + \cdots + (D_{hn}^2 - D_{pn}^2)L_n] \qquad (7\text{-}6)$$

则总容积为：

$$V = V_1 + V_2 \tag{7-7}$$

式中　D——钻具内径，m；

　　　D_h——井径或套管内径，m；

　　　D_p——钻具外径，m；

　　　L——钻具或井段长度，m。

所需压井液量一般取总容积的 1.5～2 倍。

4）压井循环时间的计算

压井液从地面到达钻头的时间 t_1 为：

$$t_1 = \frac{1000V_1}{60Q} \tag{7-8}$$

式中　Q——压井时的排量，L/s，一般为正常钻进排量的 1/2～1/3。

压井液从钻头到达地面的时间 t_2 为：

$$t_2 = \frac{1000V_2}{60Q} \tag{7-9}$$

循环一周总时间为：

$$t = t_1 + t_2 \tag{7-10}$$

5）压井液加重剂用量及加重后液体体积的计算

（1）已知所需加重钻井液的体积，则加重材料用量为：

$$G = \frac{\rho_s V_1 (\rho_1 - \rho_0)}{\rho_s - \rho_0} \tag{7-11}$$

所需原浆的体积等于加重后钻井液的总体积 V_1 减去所加入的加重材料的体积。

（2）已知原钻井液的体积，则加重材料用量为：

$$G = \frac{\rho_s V_0 (\rho_1 - \rho_0)}{\rho_s - \rho_1} \tag{7-12}$$

式中　G——所需加重后材料重量，t；

　　　V_1——加重后钻井液的总体积，m³；

　　　V_0——加重前钻井液的总体积，m³；

　　　ρ_1——加重后钻井液密度，g/cm³；

　　　ρ_s——加重剂密度，g/cm³；

　　　ρ_0——原钻井液密度，g/cm³。

加重后钻井液的总体积 V_1 等于加重前钻井液的总体积 V_0 加上所加入的加重

材料的体积。

6）循环总立管压力的计算

（1）初始循环总立管压力 p_{Ti}：是指压井液刚开始泵入钻柱时的立管压力，其计算公式为：

$$p_{Ti} = p_d + p_{ci} \qquad (7-13)$$

式中　p_d——关井立管压力，MPa；

　　　　p_{ci}——原浆在压井排量下的循环压耗，MPa。

p_{ci} 的确定方法如下：

① 低泵速泵压实测法。当钻入高压油气层前，要求每天早班用选定的压井排量进行循环实验，测得相应的立管压力值就是低泵速泵压，并将低泵速泵压的数值及所用排量记到班报表上，便于压井时查用。

② 公式法。

$$p_{ci} = p_1 \left(\frac{Q}{Q_1} \right)^2 \qquad (7-14)$$

式中　Q_1——溢流前正常钻进的排量，L/s；

　　　　p_1——Q_1 所对应的循环泵压，MPa；

　　　　Q——溢流后压井时的排量，L/s。

（2）终了循环总立管压力 p_{Tf}：是指压井液进入环空后，用压井排量循环时的立管总压力，其计算公式为：

$$p_{Tf} = p_{cf} \qquad (7-15)$$

式中　p_{Tf}——终了循环立管总压力，MPa；

　　　　p_{cf}——压井液循环压耗，MPa。

钻井液在同一系统内循环时，循环压耗与钻井液的密度成正比。因此，可以用原钻井液循环压耗 p_{ci} 求得压井液循环压耗 p_{cf}：

$$p_{cf} = \rho_{mk} \frac{p_{ci}}{\rho_m} \qquad (7-16)$$

式中　ρ_{mk}——压井液密度，g/cm^3；

　　　　ρ_m——原钻井液密度，g/cm^3。

（二）压井施工单的填写

压井施工单见图 7-1。

井号________ 日期________ 设计人________

原始记录数据

测量井深 H=________m　　垂直井深 H=________m

原钻井液密度 ρ_m=______g/cm^3　　钻井排量 Q=________L/s

套管鞋处深度 h=______m　　压井排量 Q_1=________L /s

破裂压力梯度 G_f=______kPa/m　　低泵速 v=________冲/min

低泵速泵压 p_{ci}=________MPa

溢流时记录的数据

关井立管压力 p_d=________MPa　　关井套管压力 p_a=________MPa

钻井液池增量 ΔV=________m^3

压井计算数据

压井液密度 $\rho_{m1}=\rho_m+0.102p_d/H$=（　）+（　）=________ g/cm^3

初始循环立管压力 $p_{Ti}=p_d+p_{ci}$=（　）+（　）=________MPa

终了循环立管压力 p_{Tf}=（ρ_{mk}/ρ_m）p_{ci}=（　/　）×（　）=________MPa

地面到钻头容积、时间 V_1=________L，________min，________冲

钻头到地面容积、时间 V_2=________L，________min，________冲

管内外总容积、时间 V=________L，________min，________冲

最大允许关井套管压力：$[p_a]$=（G_f−G_m）h=（　−　）×（　）=________MPa

立管压力控制表：

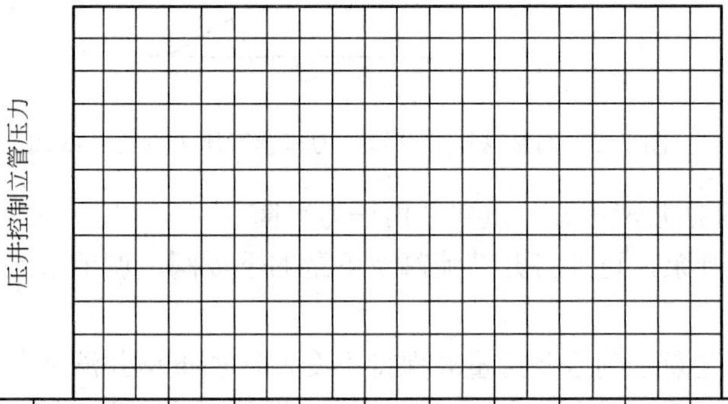

时间 min											
泵冲数 冲											
立管压力 MPa											

图 7-1　压井施工单

（三）司钻法压井

1. 司钻法压井的定义

司钻法压井是发生溢流关井后，先用原密度钻井液循环排出溢流，再用加重钻井液压井的方法，用两个循环周完成压井。

2. 司钻法压井的基本操作步骤

1）用原钻井液循环排出溢流

（1）缓慢开泵，迅速打开节流阀及上游的平板阀，调节节流阀使套管压力保持关井套管压力不变，一直保持达到压井排量。

（2）排量逐渐达到选定的压井排量，并保持不变，再调节节流阀使立管压力等于初始循环立管总压力 p_{Ti}；并在整个循环周保持不变。

（3）溢流排完，停泵关井，则应 $p_d = p_a$，在排溢流过程中，应配制加重钻井液，准备压井。

司钻法压井立管压力和套管压力变化曲线如图 7-2 所示。

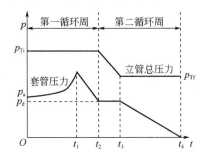

图 7-2　司钻法压井立管压力和套管压力变化曲线图

2）用加重钻井液压井，重建井内压力平衡

（1）缓慢开泵，迅速打开节流阀及下游的平板阀，调节节流阀，保持关井套管压力不变。

（2）排量逐渐达到压井排量并保持不变，在加重钻井液从井口到钻头这段时间内，调节节流阀，控制套管压力等于关井套管压力不变（$p_a = p_d$），立管总压力由 p_{Ti} 逐渐下降到终了循环立管总压力 p_{Tf}。

（3）在加重钻井液出钻头返至环空这段时间内，调节节流阀，控制立管压力等于终了循环立管总压力 p_{Tf}，并保持不变，直到加重钻井液返出地面，停泵关节流阀及下游平板阀，此时若 $p_d = 0$，$p_a = 0$，则压井成功。

（四）工程师法压井（一次循环法）

1．工程师法压井的定义

溢流发生后，迅速关井，记录溢流数据，计算压井数据，填写压井施工单，绘出立管压力控制进度表，配制加重钻井液，用加重钻井液在一个循环周内完成压井。

2．工程师法压井的基本操作步骤

（1）缓慢开泵，迅速打开节流阀及上游平板阀，调节节流阀，使套管压力保持不变，当排量达到压井排量时，调节节流阀，使立管压力等于初始立管总压力。

（2）在加重钻井液由地面到钻头这段时间内，调节节流阀，控制立管压力，按照立管压力控制进度表变化，即由初始循环立管总压力下降到终了循环立管总压力。

（3）加重钻井液由钻头返出时，调节节流阀，使立管压力保持终了循环立管总压力不变，直到加重钻井液返出地面，停泵关井，若 $p_a=p_d=0$，则压井成功。

工程师法压井立管压力和套管压力变化曲线如图 7-3 所示。

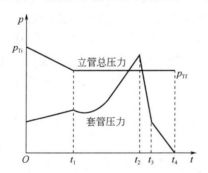

图 7-3　工程师法压井立管压力和套管压力变化曲线图

（五）边循环变加重法压井

边循环边加重法压井是指发现溢流关井求压后，一边加重钻井液，一边随即把加重的钻井液泵入井内，在一个或多个循环周内完成压井的方法。

这种方法常用于现场，当储备的重钻井液与所需压井液密度相差较大，需加重调整，且井下情况复杂需及时压井时，多采用此方法压井。此法在现场施工中，由于钻柱中的压井液密度不同，给控制立管压力以维持稳定的井底压力带来困难。若压井液密度等差递增，并均按钻具内容积配制每种密度的钻井液量，则立管压力也就等差递减，这样控制起来相对容易一些。

将钻井液密度由 ρ_m 提高到 ρ_1，当其到达钻头时的终了立管压力为：

$$p_{Tf1} = \frac{\rho_1}{\rho_m} p_L + (\rho_k - \rho_1)gH \qquad (7-17)$$

式中　p_{Tf1}——终了立管压力，MPa；

　　　ρ_1——第一次调整后的钻井液密度，g/cm^3；

　　　ρ_k——压井液密度，g/cm^3；

　　　ρ_m——原钻井液密度，g/cm^3；

　　　H——井深，m；

　　　p_L——低泵速泵压，MPa。

此公式的物理意义是：当密度为 ρ_1 的压井液从地面到钻头的过程中，需要控制立管压力从初始循环压力 p_{Ti} 逐渐下降到终了循环压力 p_{Tf1}；当该密度的压井液沿环空上返过程中，应控制立管压力等于终了循环压力 p_{Tf1} 不变。当第二循环周压井液密度重新调整后，应再重新确定初始循环压力和终了循环压力，直到最后把井压住。

（六）压井作业中应注意的问题

（1）开泵与节流阀的调节要协调。从关井状态改变为压井状态时，开泵和打开节流阀应协调，节流阀开得太大，井底压力就降低，地层流体可能侵入井内；节流阀开得太小，套管压力升高，井底压力过大，可能压漏地层。

（2）控制排量。整个压井过程中，必须用选定的压井排量循环，并保持不变，由于某种原因必须改变排量时，必须重新测定压井时的循环压力，重算初始压力和终了压力。

（3）控制好压井液密度。压井液密度要均匀，其大小要恰好能平衡地层压力。

（4）要注意立管压力的滞后现象。压井过程中，通过调节节流阀控制立管、套管压力，从而达到控制井底压力的目的，压力从节流阀处传递到立管压力表上，要滞后一段时间，其长短主要取决于溢流的种类及溢流的严重程度。

（5）节流阀堵塞或刺坏。钻井液中的砂粒、岩屑很可能堵塞节流阀，高速液流可能刺坏节流阀。堵塞时套管压力升高，解决的办法是迅速打开节流阀，疏通后，迅速关回到原位。若此法不成功，改用备用节流阀。若刺坏严重，改用备用节流阀。

（6）钻具刺坏，泵压下降，泵速提高，钻具断，悬重减小。可观察立管压力、套管压力，若两者相等，说明溢流在断口下方，若是气体溢流，让气体上升到断口时，再用加重钻井液压井；若关井套管压力大于关井立管压力，说明溢流已经上升到断口上方，可立即用重钻井液压井。

（7）水眼堵时，立管压力迅速升高，而套管压力不变。记下套管压力，停泵关井，确定新的立管压力值后，再继续压井；水眼完全堵死、不能循环时，先关井，再进行钻具内射孔，然后压井。

（8）压井过程中发生井漏，先进行堵漏作业，然后再进行压井。

第二节 非常规压井工艺技术

非常规压井方法是溢流井、井喷井因不具备常规压井方法的条件而采用的压井方法，如空井井喷、钻井液喷空的压井等。

一、非常规压井方法的选择

（一）非常规压井法的选用原则

非常规井控是指发生井喷或井喷失控以后，以及一些特殊情况下，为在井内建立液柱、恢复和重新控制地层压力所采用的压井方法。如钻柱不在井底、井漏、钻柱堵塞或井内无钻具、空井、修井喷空等施工的压井。在处理高压气层发生的溢流时，压井方法的选择非常重要，不同的条件应选择不同的压井方法，如果压井方法选用不当，将会导致压井施工失败，严重时可能导致井喷失控。

特殊压井方法的适用条件、井口条件、主要风险点归纳列于表 7-2。

表 7-2　非常规压井方法的比较

	反循环压井法	压回法	置换法
适用条件	① 有漏失层存在的情况下，为了防止溢流窜入井下其他地层，尽快将溢流排出井内； ② 地面装备要能满足反循环作业的强度； ③ 钻井时间比较长，上部套管磨损，井口承压有限，井口比较偏，正循环时井口无法承受	① 气井井喷后，井筒无钻具且不能将井关死； ② 套管下得较深，裸眼段较短，井内无钻具或有少量钻具； ③ 在井底或者靠近井底的位置存在已知的漏层，或者近井底地带存在薄弱地层，可以压破	① 在不能实现循环的情况下（如气井钻井液喷空后）； ② 裸眼段较长，井内无钻具，不能进行循环压井
井口条件	① 井口装置未坏，并可以关井； ② 井口和井下套管下得浅； ③ 裸眼段较长，地层破裂压力较低，有漏失层存在，井底干净； ④井口装置、钻具、钻头水眼等条件具备	① 井口装置未坏，并可以关井，天然气经放喷管线放喷； ② 可以通过压井管线、地面循环管线向井内注入压井液	① 井口装置可以将井关闭； ② 压井液可以通过压井管汇注入井内
存在的主要风险因素	① 反循环时钻头水眼可能被堵塞，造成井底憋压，压漏地层； ② 钻柱强度能否达到反循环压井的要求； ③ 所使用的装备能否满足要求	无法肯定井下裸眼地层一定会被压开，反而使裸眼井段压破，造成"上漏下喷"的危险情况	① 放掉钻井液体积的预测和关井套管压力预测需要相当严密的计算； ② 采用其他特殊压井法会将裸眼部分压裂，导致又喷又漏

（二）常规压井法与非常规压井法的选用依据

压井方法的选用需要确定以下因素：一是井内管柱的深度和规范；二是管柱内阻塞或循环通道阻塞情况；三是实施压井工艺的井眼及地层特性。如果方法选用不当、计算不准确，可能造成井涌、井喷或井漏，都会伤害产层。

在高压气井发生井涌时，究竟是选择常规压井法还是特殊压井法，则要具体情况具体分析。根据前面的描述，现将常规压井法与特殊压井法的选择步骤以图 7-4 表示，具体选用何种压井方法，还应参照现场压井过程中的各项参数计算结果和工程师的经验。

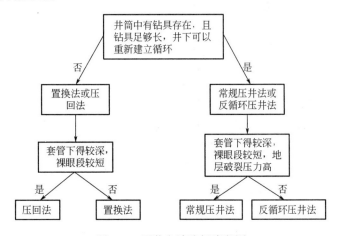

图 7-4　压井方法选择流程图

二、非常规压井方法

（一）平衡点法压井

平衡点法适用于井内钻井液喷空后的天然气井压井，要求井口条件为防喷器完好并且关闭，钻柱在井底，天然气经过放喷管线放喷。这种压井方法是一次循环法在特殊情况下压井的具体应用。

此方法的基本原理是：钻井液喷空后的天然气井在压井过程中，环空存在一个"平衡点"。所谓平衡点，即压井液返至该点时，井口控制的套管压力与平衡点以下压井液静液柱压力之和能够平衡地层压力。压井时，当压井液未返至平衡点前，为了尽快在环空建立起液柱压力，压井排量应以在用缸套下的最大泵压求算，保持套管压力等于最大允许套管压力；当压井液返至平衡点后，为了减小设备负荷，可采用压井排量循环，控制立管总压力等于终了循环压力，直至压井液返出井口，套管压力降至零。

平衡点按下式求出：

$$H_\text{B} = \frac{p_\text{aB}}{0.0098\rho_\text{K}}$$
（7-18）

式中 H_B——平衡点深度，m；

ρ_aB——最大允许控制套管压力，MPa。

ρ_K——压井液密度，g/cm³。

根据上式，压井过程中控制的最大套管压力等于"平衡点"以上至井口压井液静液柱压力。当压井液返至"平衡点"以后，随着液柱压力的增加，控制套管压力减小直至零，压井液返至井口，井底压力始终维持一常数，且略大于地层压力。因此，压井液密度的确定尤其要慎重。

（二）置换法压井

1. 置换法压井的基本原理

在关井情况下和确定套管上限与下限压力范围内，分次注入一定数量的压井液、分次放出井内气体，直至井内充满压井液，即完成压井作业。每次注入压井液，井内气体受到压缩、套管压力将升高，同时井内形成一定高度的液柱并产生一定的液柱压力；每次放出气体，套管压力将随之降低。再次注入压井液时，所控制的套管最高压力应减去该液柱压力；再次放出气体，下限套管压力也应减去该液柱压力。随着一次次注入压井液和放出气体，控制套管压力逐次降低，直至压井液到达井口、套管压力降为 0 时，压井结束。

套管压力的升高将引起井底压力的增加，但井底压力增加是受限制的，一种限制是井底压力升高到一定值时将发生井漏，压井时应控制套管上限压力；另一种限制是在不发生井漏的情况下，应事先确定最高套管压力。也就是说，置换法压井可分为两种情况来考虑：一种是井下发生漏失，另一种是不发生漏失。不管是哪种情况，井口压力都不得超过防喷设备、井口套管的承压能力，井内压力不能高于地层压力，只有这样才能实施置换法压井。

同样，放出气体引起的套管压力降低也是有限制的，主要是随着套管压力的逐渐降低将引起井底压力的降低，当降至低于气层压力时将继续发生溢流。因此，防止气层再次发生溢流应控制当次放气套管压力降低的下限。

2. 置换法压井的基本计算

实施置换法压井，应针对地层漏失和地层不漏失两种情况分别考虑。两种情况下的初始条件确定有差别，但计算方法基本相同。从最复杂、最危险的井内状况进行考虑，假定井内已经全部充满高压气体，忽略井底初期存在的少量液体，作为压井计算的基本前提。

1) 地层漏失情况

若地层容易发生漏失，应控制套管上限压力在关闭节流管汇情况下向井内注入压井液，套管压力将升高。当套管压力升至使井下开始发生漏失时，将基本保持稳定不再升高。最高套管压力需要在第一次注入压井液压井时进行测试。假定套管压力升至 p_1 后不再升高并基本保持稳定，该压力即是井下发生漏失的地面控制压力，也是整个压井施工过程中的套管上限压力。此时停止注入压井液并记录该压力与注入压井液量，并进行计算。

（1）第一次注入压井液形成的液柱高度为：

$$H_1 = \frac{V_1}{q} \qquad (7\text{-}19)$$

式中　H_1——第一次注入压井液在井内形成的液柱高度，m；

　　　V_1——第一次注入的压井液的体积，m^3；

　　　q——井眼单位长度的容积，m^3/m。

（2）第一次注入压井液形成的液柱压力为：

$$\Delta p_1 = 10^{-3} \rho_m g H_1 \qquad (7\text{-}20)$$

式中　Δp_1——第一次注入压井液形成的液柱压力，MPa；

　　　ρ_m——压井液密度，kg/L；

　　　g——重力加速度，m/s^2。

静止一定时间、确认压井液下沉至井底后，开节流阀放出部分井内气体。随着气体的放出，套管压力降低，井底压力也随之降低。当井底压力降至再次发生溢流时，套管压力将保持稳定不再降低，假定此时套管压力为 p_2，关闭节流阀第二次注入压井液。

（3）第二次注入压井液形成的液柱高度为：

$$H_2 = \frac{V_2}{q} \qquad (7\text{-}21)$$

式中　H_2——第二次注入压井液在井内形成的液柱高度，m；

　　　V_2——第二次注入压井液的体积，m^3。

（4）第二次注入压井液形成的液柱压力为：

$$\Delta p_2 = 10^{-3} \rho_m g H_2 \qquad (7\text{-}22)$$

式中　Δp_2——第二次注入压井液形成的液柱压力，MPa。

依此逐次进行计算并进行压井作业，直至压井结束。

由于第一次注入压井液已形成液柱高度 H_1 和液柱压力 Δp_1，随着第二次注入压井液套管压力将从 p_2 开始升高，但最高升至 $p_1 - \Delta p_1$ 时将不再升高，该压力是此时的井下漏失套管压力。同样，待压井液沉至底部后开节流阀放出气体时，套管压力最低降至 $p_2-\Delta p_1$，低于该压力将再次发生溢流。$\Delta p=p_1-p_2$ 是注入压井液和放出气体的最大压力波动范围。

第二次注入压井液，应以测出的上限套管压力 p_1 和注入液柱压力 Δp_1 为依据控制最高套管压力不超过 $p_1-\Delta p_1$；第二次放出气体，应以测出的下限套管压力 p_2 和注入液柱压力 Δp_1 为依据控制最低套管压力不低于 $p_2-\Delta p_1$。

由于第二次注入压井液形成液柱高度 H_2 和液柱压力 Δp_2，第三次注入压井液时套管压力将从 $p_2-\Delta p_1$ 开始升高，但最高升至 $p_1-\Delta p_1-\Delta p_2$ 时不再升高，该压力是第三次注入压井液的井下漏失压力。同样，待压井液沉至底部后开节流阀放出气体时，套管压力最低降至 $p_2-\Delta p_1-\Delta p_2$，低于该压力将再次发生溢流。

依次注入压井液并放出井内气体，套管压力将逐次降低，如此进行注入压井液、放气操作，直至压井液到达井口、套管压力降至 0 时，压井结束。应该注意的是，随着井内液柱高度逐次增加，气体空间逐次减小。因此，注入压井液的量和放气量会逐次减小。

（5）最小压井次数与预计最长压井时间为：

$$c = \frac{H}{H_1} \tag{7-23}$$

$$T = c(t_1 + t_2) \tag{7-24}$$

式中　c——最小压井次数，次；

　　　H——井深，m；

　　　t_1——初次注入压井液所用时间，h；

　　　t_2——初次注入压井液后静止及放气所用时间，h；

　　　T——预计最长压井总时间，h。

实际施工中，应记录下压力、注入压井液量并计算出液柱高度与压力，填写压井记录表（格式见表 7-3）。

表 7-3 置换法压井施工记录表

井号			井深，m			井径 mm		井内容积 m³	
次数	时间，min		累计压井时间，min	注入量 m³	累计注入量，m³	最高套管压力 MPa	最低套管压力 MPa	形成液柱高度，m	形成液柱压力，MPa
	注入	静止与放气							

记录人：　　　　　　　　审核人：

2）地层不漏失情况

若地层承压能力高、不发生漏失，就不需要测试漏失压力，但应依据现场实际情况确定或规定一个最高初始套管压力 p'_1（初始套管压力 p'_1 可以按照套管抗内压强度的 80%或按井控装置最高承压能力二者的小者并考虑一定的安全系数确定）。但放气压力仍需要测定，放气操作方法与地层漏失情况相同。

（1）第一次注入压井液形成的液柱高度为：

$$H'_1 = \frac{V'_1}{q} \tag{7-25}$$

式中 H'_1——第一次注入压力达到 p'_1 形成的液柱高度，m；

V'_1——第一次注入压井液的体积，m^3；

q——井眼单位长度容积，m^3/m。

（2）第一次注入压井液形成的液柱压力为：

$$\Delta p'_1 = 10^{-3} \rho_m g H'_1 \tag{7-26}$$

式中 $\Delta p'_1$——第一次注入压井液形成的液柱压力，MPa；

ρ_m——压井液密度，kg/L；

g——重力加速度，m/s^2。

静止一定时间开节流阀放出部分井内气体，套管压力降至 p'_2 保持稳定不再降低时，关闭节流阀第二次注入压井液。

（3）第二次注入压井液形成的液柱高度为：

$$H'_2 = \frac{V'_2}{q} \tag{7-27}$$

式中 H'_2——第二次注入压力达到 p'_1 时形成的液柱高度，m；

V'_2——第二次注入压井液的体积，m^3。

（4）第二次注入压井液形成的液柱压力为：

$$\Delta p'_2 = 10^{-3} \rho_m g H'_2 \tag{7-28}$$

式中 $\Delta p'_2$——第二次注入压井液形成的液柱压力，MPa。

依此逐次进行计算与压井操作，直至压井结束。

（5）最小压井次数与预计最长压井时间为：

$$c' = \frac{H}{H'_1} \tag{7-29}$$

$$T = c'(t_1 + t_2) \tag{7-30}$$

式中 c'——最小压井次数，次；

H——井深，m；

t_1——初次注入压井液所用时间，h；

t_2——初次注入压井液后静止及放气所用时间，h；

T——预计最长压井总时间，h。

施工中同样应填写压井记录表，见表 7-3。

与地层漏失情况下压井操作相同，通过多次注入压井液并放出井内气体，套管下限压力将逐次降低，直至压井液到达井口、套管压力降至 0 时，压井结束。同时，由于气体空间逐次缩小，注入压井液量将逐次减小。与地层漏失情况不同的是，每次控制套管上限压力都是 p_1'，不需要每次减去液柱压力。因此，每次注压井液量和放出气体可以更多，压井次数减少。

为了便于操作和计算，可以确定在低于 p_1' 范围内每次注入的液柱长度（如每次 100m、200m 或 300m 等），然后计算出每次注入压井液的体积、液柱长度与液柱压力。但随着注入压井液次数的增加，套管压力将逐次升高，当升高至地层开始漏失的套管压力 p_1 时，再按上述方式进行。

需要注意的是，虽然每次注入长度越长、压井次数将越少，但并不是每次注入长度越长越好。因每次注入量越多、越不利于液气置换，容易形成液柱、气柱分段现象，造成置换法压井实施不彻底、压井不成功。同样，每次放出气体也应严格控制放出量：如放量少，放气不彻底，压井次数多；如放量大，造成再次溢流，引起井下情况进一步复杂甚至压井失败。因此，需要根据现场实际情况确定每次注入压井液与放出气体的量。

3．压井步骤

1）地层漏失情况

（1）采用一定排量 Q（一般小于正常钻进排量）将压井液注入环空，观察套管压力升高情况。

（2）当套管压力升至一定值（p_1）并基本稳定时（开始漏失）停泵，记录注入量、套管压力。

（3）将注入量换算为井内液柱高度（H_1）和形成的液柱压力（Δp_1），确定下一次最高套管压力和最低套管压力。

（4）静止一定时间，使压井液在环空气体中下沉至井底。

（5）缓慢开节流阀放出部分环空气体，观察套管压力下降情况。

（6）当套管压力降至一定值（p_2）并基本稳定时（地层流体开始涌入井内），关节流阀停止放气。

（7）重复以上步骤，直至压井结束。

若发现放气过程中有液体放出，可能是节流阀开度过大或静止时间短，液体没有充分下沉的原因。应减小开度（或关闭节流阀）、增加静止时间，然后再进行放气操作。

总的控制要求是：少注防井漏，少放防溢流。

2）地层不漏失情况

（1）第一种方式。

① 采用一定排量 Q 将压井液注入环空，当套管压力升高至 p'_1 时停止注入。

② 记录注入量和套管压力值。

③ 将注入量换算为井内液柱高度（H'_1），计算形成的液柱压力（$\Delta p'_1$）。

④ 静止一定时间，使压井液在环空气体中下沉至井底。

⑤ 缓慢开节流阀放出部分环空气体，观察套管压力下降情况。

⑥ 当套管压力降至一定值（p'_2）并基本稳定时，关节流阀停止放气体。

⑦ 重复以上步骤，直至压井结束。

该方式压井，每次注入压井液上限压力都是 p'_1，这是与地层漏失情况的主要区别。

（2）第二种方式。

若采用事先确定每次注入井段长度方式压井，操作步骤如下：

① 设定套管压力上限 p'_1，确定每次注入井段长度 $\Delta H'_2$，换算为注入量 ΔV。

② 采用排量 Q 将压井液注入环空，观察套管压力升高情况，若注入量未达到 ΔV 时套管压力已达到 p'_1，则改为第一种方式继续压井。

③ 记录实际套管压力，计算形成的液柱压力。

④ 静止一定时间，使压井液在环空气体中下沉至井底。

⑤ 缓慢开节流阀放出部分环空气体，当套管压力降至一定值（p'_2）并基本稳定时，关节流阀停止放气体。

⑥ 重复以上步骤，直至压井结束。

该方式压井，开始时每次注入量可按井眼高度取整数确定（如每次 100 m），以利于计算和控制。

（三）容积法压井

1. 容积法压井的原理

容积法压井是基于井底压力的变化由地面套管压力和环空静液压力的变化所引起的。它的目的是给气体滑脱上升膨胀留出一定的空间，控制套管压力不要升得太高。该方法适用于钻具堵塞不能建立循环、井内钻具很少或刺坏或井内没有钻具的情况。

2. 容积法压井的施工步骤

环空静液压力减少值可用下式计算：

$$\Delta p_{\mathrm{m}} = 0.0098 \rho_{\mathrm{m}} \Delta V / V_{\mathrm{a}} \tag{7-31}$$

式中　Δp_{m}——环空钻井液静液压力减少值，MPa；

　　　ΔV——环空钻井液量的减少值，m^3；

　　　V_{a}——环空单位长度容积，m^3/m。

由于气体膨胀使环空静液压力的减少值就是套管压力的升高值，故有：

$$\Delta p_{\mathrm{m}} = \Delta p_{\mathrm{a}} \tag{7-32}$$

式中　Δp_{a}——套管压力的升高值，MPa。

利用间隙放钻井液的方法释放压力，并通过控制套管压力和放出的钻井液量控制井内压力不变，使井底压力略高于地层压力，以防止在放压过程中井内进入天然气。

容积法压井的具体步骤如下：

（1）先确定一个大于初始关井套管压力的允许套管压力值 p_{a1}；再确定一个允许上升值 Δp_{a}。

（2）当关井套管压力上升至 $p_{\mathrm{a1}}+\Delta p_{\mathrm{a}}$ 时，通过节流阀放出钻井液，此时环空静液压力减小值为 Δp_{m1}。

（3）关井后气体继续上升，使套管压力再次升至 $p_{\mathrm{a1}}+\Delta p_{\mathrm{m1}}+\Delta p_{\mathrm{a}}$ 时，通过节流阀再次放出钻井液，使套管压力降至 $p_{\mathrm{a1}}+\Delta p_{\mathrm{m1}}$，此时环空静液压力减小值为 Δp_{m2}。

（4）关井后气体上升，继续按上述步骤操作，使套管压力升至 $p_{\mathrm{a1}}+\Delta p_{\mathrm{m1}}+\Delta p_{\mathrm{m2}}+\cdots+\Delta p_{\mathrm{mn}}+\Delta p_{\mathrm{a}}$ 时，通过节流阀放出钻井液使套管压力降至 $p_{\mathrm{a1}}+\Delta p_{\mathrm{m1}}+\Delta p_{\mathrm{m2}}+\cdots+\Delta p_{\mathrm{mn}}$ 关井，直至气体上升至井口为止。

Δp_{m} 是每次放出钻井液时环空静液压力的减小值，即每次放完钻井液后套管压力所需的补偿值，每次放出的钻井液量可用理想气体状态方程求出，由于气体上移膨胀程度不同，因此每次放出的钻井液量必须通过计算或通过计量求出。

天然气上升至井口后，既不能让天然气放空又不能恢复循环，必须采用顶部压井法处理。

容积法的假设条件是侵入井内的天然气是一个连续气柱，占据整段环空，忽略气柱本身重量及天然气上升过程中不再侵入新的天然气。

（四）反循环法压井

反循环法压井就是在关井的条件下，从压井管线向环空注入压井液，迫使地层流体从油管内返出，建立井内压力系统平衡的压井方法。

1. 反循环法压井必须具备的条件

（1）油管在套管内或裸眼井段很短。

（2）有完善的井口装置。

（3）有清洁的压井液。

2．天然气井的反循环法压井的条件

当气井井口异常或出现失控征兆时，可采取反循环法压井来置换井内气体并进行反循环压井。

3．反循环法压井的原理

从井口间断泵入大密度压井液置换出井内天然气，使泵入压井液柱压力等于放气后套管压力下降值，直到井眼中天然气全部排除干净。

$$\Delta p_{ak} = \Delta p_k = 0.0098 \rho_k \frac{\Delta V_k}{V_a} \qquad (7-33)$$

式中　　Δp_{ak}——环空套管压力减小值，MPa；

　　　　Δp_k——环空压井液静液压力的增加值，MPa；

　　　　ρ_k——环空压井液密度，g/cm^3；

　　　　ΔV_k——环空压井液体积增加值，m^3；

　　　　V_a——环空容积系数，m^3/m。

4．反循环法压井操作程序

通过地面反循环压井管线向井口泵入一定量的大密度的压井液，使套管压力上升一个允许值。当压井液因重力的作用下沉后，通过节流阀缓慢放气，使套管压力下降至一个定值，即泵入的压井液静压力的增加值后关闭节流阀。重复上述步骤直至井内全部充满压井液。反循环调整压井液密度压稳地层。

（五）硬顶法压井

硬顶法是因井下情况而不能使用常规法进行循环时，从地面向井内泵入压井液把进入井筒的地流体压回地层的压井方法，也称为压回法、平推法、挤压法。硬顶法以不超过最大许用关井套管压力作为工作压力挤入压井液，以保证硬顶法压井引起的压力不会进一步伤害井眼。

1．硬顶法的适用条件

（1）含硫化氢的井涌。

（2）套管下得较深、裸眼短、只有一个产层且渗透性很好。

（3）管柱堵塞，压井液不能到达井底。

（4）产层下面有一个漏层，当压井循环时，大量的压井液将漏入该漏层。

在开始硬顶法压井之前，井眼状况要么处于分流状态，要么处于关井状态。如果处于关井状态，井口压力通常处在最高值。泵送压力必须高于该值以迫使流体泵入井中，会给井眼、裸眼井段和井口作用更大的压力。常见的情况是将正喷的或分流的井转变为静压力控制之下。假定井下条件、井中的管柱和地面设备能承受关井压力和硬顶压井所施加的额外压力，则可以关井并以适当速度泵入一定密度的压井液将井压住。

2．硬顶法的操作程序

硬顶法压井的动力学原理如图7-5所示。压井时，以不超过套管抗内压强度的80%和井口设备的额定工作压力的施工压力向井内挤入压井液。其挤入速度、挤入量视情况而定。发现井涌，立即关井，求出井口压力。若通过套管进行挤压则需确定套管压力，并计算需要挤入的压井液量。确定施工最高压力，其值应不大于井口工作压力和套管抗内压强度的80%，以此压力进行试挤。缓慢开泵，当压泵超过易漏地层压力时，看地层有无吸收量及吸收量有多少。当预计压井液进入地层时，慢慢降低泵速。

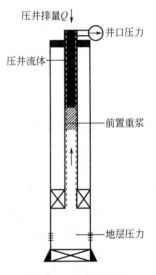

图7-5 硬顶法压井

挤压井液时既可用原浆也可提高压井液密度，排量不宜过大，施工压力保持在允许压力以内。一旦压井液开始进入地层，泵压会突然升高。挤入预计压井液量后，开井若不外溢，即告结束，否则，应再挤入压井液。

实施硬顶法并不那么容易，能吐得出的地层不一定能存得进，能吞得进的地层不一定能吐得出。无论井下情况如何，只要有足够的套管深度，在允许压力范围以内能够挤入压井液，就是说明地层有一定的吸收量，就可以用此法压井。

只要能制止井喷或失控，就为下一步处理创造了条件，循环调整压井液，把井压稳是处理地面问题的前提。

3．硬顶法压井过程中压力变化曲线

硬顶法能控制的参数主要是泵速、泵入流体的密度以及泵入量。与循环压井法不同，能不通过调节节流阀来控制井底压力，泵压的控制也不同于循环法。压井时机不同，则其井口压力变化不同，如图7-6所示，曲线A表示关井后井口压力升到最高值开始压井的井口压力曲线，曲线B表示关井后尽快采用硬顶法压井的井口压力曲线。曲线B的压力明显低于曲线A，即压井更容易，能更快地将井压住。

4．影响硬顶法压井井口压力的因素

（1）井眼的几何形状（钻具的内外径及其底部的开放程度、井径、井斜等）。

（2）压力恢复的速度（井喷的量）。

（3）溢流的性质（压缩性、温度、密度等）。

（4）向井内挤注泵送压井液速度。

（5）现场压井液的储备量、密度和流变性等。

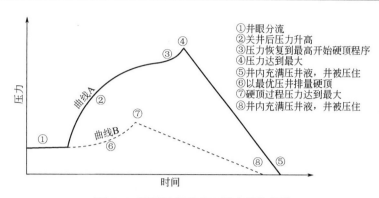

①井眼分流
②关井后压力升高
③压力恢复到最高开始硬顶程序
④压力达到最大
⑤井内充满压井液，井被压住
⑥以最优压井排量硬顶
⑦硬顶过程压力达到最大
⑧井内充满压井液，井被压住

图 7-6　硬顶法压井井口压力变化曲线

5. 硬顶法压井注意事项

硬顶法压井作业因井况不同应注意以下事项：

（1）压井液密度及用量。①当井内油管在井底附近，能够读取关井油压的井，可利用常规压井计算确定压井液密度。如果现场储备有压井液，按尽快实施压井的原则直接用储备压井液实施硬顶法压井。如果没有储备压井液或已经用完，也可直接用原洗井液进行硬顶法压井。根据井喷或井口失控的原因，原洗井液也许能够平衡地层压力，至少能把地层液体顶回地层，再做下一步处理。②当井内环空有封隔器，且溢流充满了油管内容积时，压井液量等于油管内容积与封隔器下部环空容积之和。当井内空井，理论压井液量等于压井液循环系统体积增加量。

（2）地面泵压。硬顶法作业前必须确定地面泵压最高限额，既要把地层液体顶回地层，又要防止压漏地层，通常以地层破裂压力为上限压力。

泵压的控制分两种情况：正注的硬顶法压井的泵压等于地面摩阻与环空摩阻、地层内摩阻、地层压力之和同环空内液柱压力的差；反挤的硬顶法压井的泵压等于地面摩阻与环空摩阻、地层内摩阻、地层压力之和同钻具内液柱压力的差。

（3）泵速的控制。硬顶法压井时，泵速取决于地层的渗透性、井下工具规范、压井液类型、地层流体的类型。不同的井况都影响压井作业时的泵压、泵速，泵压越高，泵速越低。对于气体溢流，最低泵速必须大于气体滑脱上升的速度。

（六）空井的压井方法

起下油管、试井、电测井等空井作业发生井口异常或井口失控时，多采用空井压井方法控制井口。

1. 发生空井异常的原因

（1）由于起下油管或其他作业时发生强烈抽汲，地层流体进入井内，起完油管或其他作业未及时进行下步作业造成空井。

（2）电测等作业时，压井液长期静止而被气侵，不能及时除气造成空井。

2．空井溢流的处理

空井发生溢流，不能再将油管下入井内时，应迅速关井，记录关井压力。然后用体积法、置换法将井内气体排出，或用硬顶法将溢流顶回地层。

3．空井压井原理

与体积法压井原理相同。在控制一定的井口压力以保持压稳地层的前提下，间歇放出压井液，让天然气在井内膨胀，上升到井口。情况危急时采用硬顶法压井将溢流顶回地层。

4．空井压井操作

井内无油管或油管很少时采用体积法压井，操作与体积法压井相同。先确定允许的套管压力升高值，当套管压力上升到允许的套管压力值后，通过节流阀放出一定量的压井液，然后关井。关井后气体又继续上升，套管压力再次升高，再放出一定量的压井液。重复上述操作，间歇泵入压井液、间歇释放压力，就可以使井内静液柱压力逐渐增加，井口套管压力逐渐降低，最后建立新的平衡。

油管在井底时采用硬顶法压井，操作与硬顶法压井相同。向井内强行注入压井液，并使压井液进入环空，慢慢地在环空建立液柱压力。当压井液在环空返到一定高度后，关井套管压力不很高时，则可通过节流阀进行循环压井。

复习思考题

1．常规压井方法选择的原则是什么？

2．常规压井原理是什么？

3．溢流种类判别、压井液密度、压井液的用量、压井时间、循环总立管压力等数据如何确定？

4．简述司钻法压井的原理和步骤。

5．简述工程师法法压井的原理和步骤。

6．简述边循环边加重法压井的原理和步骤。

7．常规压井应注意的问题有哪些？

8．非常规压井方法有哪些？

9．平衡点法压井的基本原理是什么？

10．置换法压井的基本原理是什么？

11．容积法压井的基本原理是什么？

12．反循环法压井的基本原理是什么？

13．硬顶法压井的基本原理是什么？

14．空井压井的基本原理是什么？

第八章　测井作业井控设备

井控设备是指实施油气井压力控制技术所需的专用设备、管汇、专用工具、仪器和仪表等，如图 8-1 所示。

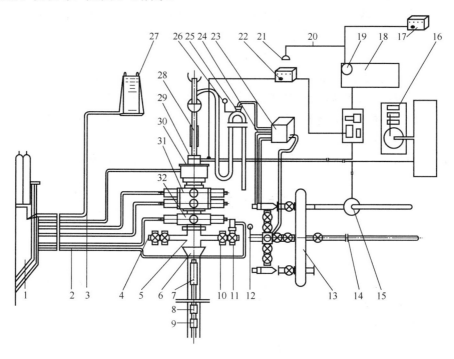

图 8-1　井控装置配套示意图

1—防喷器远程控制台；2—防喷器液压管线；3—远程控制台气管束；4—压井管汇；5—四通；
6—套管头；7—方钻杆下旋塞；8—旁通阀；9—钻具止回阀；10—手动闸阀；11—液动闸阀；
12—套管压力表；13—节流管汇；14—放喷管线；15—钻井液液气分离器；16—真空除气器；
17—钻井液罐液面监测仪；18—钻井液罐；19—钻井液罐液面监测传感器；20—自动灌钻井液装置；
21—钻井液罐液面报警器；22—自灌装置报警器；23—节流管汇控制箱；24—节流管汇控制管线；
25—压力变送器；26—立管压力表；27—防喷器司钻控制台；28—方钻杆上旋塞；29—防溢管；
30—环形防喷器；31—双闸板防喷器；32—单闸板防喷器

（1）以防喷器为主体的钻井井口：包括防喷器、控制系统、套管头、四通等。

（2）以节流、压井管汇为主体的井控管汇：包括防喷管线、节流和压井管汇、放喷管线、反循环管线、点火装置等。

（3）钻具内防喷工具：包括方钻杆上、下旋塞阀、钻具回压阀、投入式止回阀等。

（4）以监测和预报地层压力为主的井控仪表：包括钻井液返出量、钻井液总量和钻井参数的监测和报警仪器等。

（5）钻井液加重、除气、灌注设备：包括液气分离器、除气器、加重装置、起钻自动灌浆装置等。

（6）井喷失控处理和特殊作业设备：包括不压井起下钻加压装置、旋转防喷器、旋转控制头、井下安全阀、灭火设备及切割、拆装井口工具等。

第一节　防喷器

防喷器主要有环形防喷器、闸板防喷器、旋转防喷器等。

一、环形防喷器

（一）结构与原理

环形防喷器，俗称多效能防喷器、万能防喷器或球形防喷器等。它具有承压高、密封可靠、操作方便、开关迅速等优点，特别适用于密封各种形状和不同尺寸的管柱，也可全封闭井口。

球形胶芯环形防喷器（图 8-2）主要由壳体、顶盖、球形胶芯、活塞、防尘圈等五部分组成。锥形胶芯环形防喷器（图8-3）由顶盖、耐磨板、壳体、活塞、锥形胶芯、防尘圈、支撑筒七个主要部件组成。

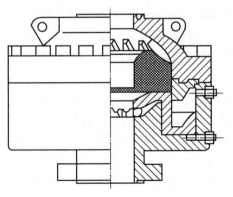

图 8-2　球形胶芯环形防喷器

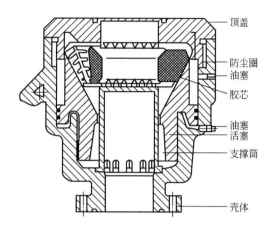

顶盖

防尘圈
油塞
胶芯

油塞
活塞

支撑筒

壳体

图 8-3　锥形胶芯环形防喷器

环形防喷器的工作原理是：关闭时，高压油从壳体中部油口进入活塞下部关闭腔，推动活塞上行，活塞推胶芯，由于顶盖的限制，胶芯不能上行，只能被挤向中心，储备在胶芯支承筋之间的橡胶因支承筋互相靠拢而被挤向井口中心，直至抱紧钻具或全封闭井口，实现封井的目的。

当需要打开井口时，操作液压控制系统换向阀换向，使高压油从壳体上油口进入活塞上部的开启腔，推动活塞下行；关闭腔高压油泄压，作用在胶芯上的推挤力消除，胶芯在本身弹性力作用下逐渐复位，打开井口。

（二）使用与管理

（1）在井内有钻具时发生井喷，采用软关井的关井方式，则先用环形防喷器控制井口，但不能长时间关井，一者胶芯易过早损坏，二者无锁紧装置。非特殊情况，不用它封闭空井（仅球形类胶芯可封空井）。

（2）用环形防喷器进行不压井起下钻作业，必须使用带 18° 斜坡的钻杆，起下钻接头通过环形防喷器时速度要慢，所有钻具不能带有防磨套或防磨带。

（3）环形防喷器处于关闭状态时，允许上下活动钻具，不许旋转和悬挂钻具。

（4）严禁用打开环形防喷器的办法来泄井内压力，以防发生井喷或刺坏胶芯，但允许钻井液有少量的渗漏。

（5）每次开井后必须检查是否全开，以防挂坏胶芯。

（6）进入目的层时，要求环形防喷器做到开关灵活、密封良好。每起下钻具一次，要试开关环形防喷器一次，检查封闭效果，发现胶芯失效，立即更换。

（7）环形防喷器的关井油压不允许超过 10.5MPa，为延长胶芯使用寿命，可根据井口压力、所封钻杆尺寸及作业情况，调节降低关井油压。

（8）橡胶件的存放：

① 使用存放时间较长的橡胶件。

② 橡胶件应放在光线暗的室内，远离窗户和天窗，避免光照，人工光源应控制在最小量。

③ 存放橡胶件的地方必须按要求做到恒温 27℃，同时保持规定的湿度。

④ 橡胶件应远离电动机、开关或其他高压电源设备（高压电源设备产生臭氧对橡胶件有影响）。

⑤ 橡胶件应尽量在自由状态存放，防挤压。

⑥ 保持存放地方干燥，无水、无油。

⑦ 如果橡胶件必须长时间存放，则可考虑放在密封环境中，但不能超过橡胶失效期。

二、闸板防喷器

（一）结构、原理与类型

闸板防喷器是井口防喷器组的重要组成部分。利用液压推动闸板即可封闭或打开井口。闸板防喷器的种类很多，但根据所能配置的闸板数量可分为单闸板防喷器、双闸板防喷器、三闸板防喷器。

闸板防喷器主要由壳体、侧门、油缸、活塞与活塞杆、锁紧轴、端盖、闸板等部件组成。图 8-4 所示为结构较为简单的具有矩形闸板室的双闸板防喷器结构图。

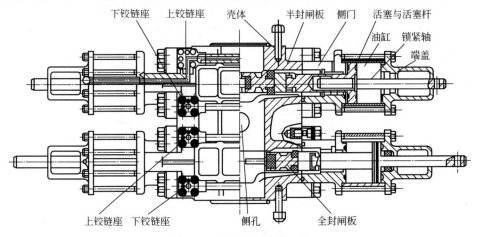

图 8-4　双闸板防喷器结构

闸板是闸板防喷器的核心部件。按闸板的作用可分为半封闸板、全封闸板、剪切闸板。半封闸板用于密封钻杆或套管与井眼的环空；全封闸板用于关闭空井；剪切闸板则主要是在特殊情况下剪切钻具同时密封井口。

闸板按结构可分为双面闸板和单面闸板，单面闸板又分为组合胶芯式和整体胶芯式两类。

1．双面闸板

双面闸板由闸板体（简称闸板夹持器）、闸板压块（简称闸板体）、密封胶芯组成，一般不推荐使用。

2．单面闸板

1）整体胶芯式

闸板由闸板体、橡胶密封半环、压块及连接螺钉组成，其结构特点如下：

（1）在闸板体后部为 T 形槽，挂在活塞杆槽内，不能翻面使用。

（2）拆换闸板胶芯比双面闸板方便，只需拧下连接螺钉，即可取出更换。对不同尺寸钻具不能只换橡胶密封半环，要全套更换。

2）组合胶芯式

闸板由闸板体、顶部密封橡胶、前部密封橡胶构成（图 8-5），其结构特点如下：

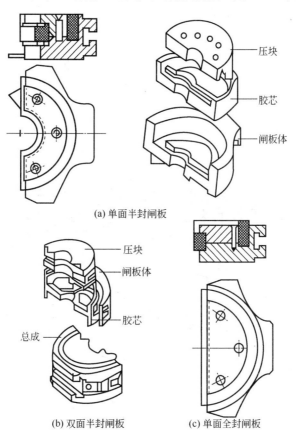

(a) 单面半封闸板

(b) 双面半封闸板　　(c) 单面全封闸板

图 8-5　闸板的类型

（1）闸板后部为门∏形槽，呈马鞍形，垂直挂在活塞杆槽上，不能横向移动。为了在打开侧门时不遇卡，侧门采用平移式或采用将闸板缩回到侧门内的方法。

（2）无螺钉连接，拆卸胶芯方便。

3．剪切闸板

剪切闸板主要用于处理某些特殊情况，比如钻具内失控，可以剪断钻具并全封井口。剪切闸板分为上闸板和下闸板，关闭时上下闸板合拢将钻杆剪断，继续关闭实现密封。

4．变径闸板

变径闸板可适用于几个不同尺寸的钻具，特别适用于组合钻具及六角形方钻杆。

闸板防喷器的侧门有两种形式，即旋转式侧门和直线运动式侧门。当拆换闸板、拆换活塞杆密封圈、检查闸板以及清洗闸板腔室时，需要打开侧门进行操作。

闸板防喷器的锁紧装置分为手动机械锁紧装置和液压自动锁紧装置。

（二）关井与开井操作步骤

闸板防喷器关井时，其关井操作步骤应按下述顺序进行。

1．正常液压关井

1）液压关井

（1）遥控操作：在司钻控制台上同时将气源总阀扳至开位，所关防喷器的换向阀扳至关位，两阀同时作用的时间不少于5s。

（2）远程操作：将远程控制台上控制该防喷器的换向阀手柄迅速扳至关位。

2）手动锁紧

长时间关井时，顺时针旋转两操纵杆手轮，将闸板锁住，逆时针旋转两手轮1/4～1/2圈。

2．正常液压开井

1）手动解锁

逆时针旋转两操纵杆手轮，使锁紧轴缩回到位，顺时针操作两手轮各旋转1/4～1/2圈。

2）液压开井

（1）遥控操作：在司钻控制台上同时将气源总阀和所关防喷器的换向阀扳至开位，两阀同时作用的时间不少于5s。

（2）远程操作：将远程控制台上控制该防喷器的换向阀手柄迅速扳至开位。

3．手动关井

如果需要关井，又恰逢液控装置失效来不及修复时，可以利用手动机械锁紧装置进行手动关井。

手动关井的操作步骤应按下述顺序进行：

（1）将远程控制台上的换向阀手柄迅速扳至关位。

（2）手动关井——顺时针旋转两操纵杆手轮，将闸板推向井眼中心，手轮旋转到位，再逆时针旋转两手轮 1/4～1/2 圈。

手动关井操作的实质即手动锁紧操作。应特别注意的是：在手动关井前，应首先使远程控制台上控制闸板防喷器的换向阀处于关位。这样做的目的是使防喷器开井油腔里的液压油直通油箱。手动关井后应及时抢修液控装置。

液控失效实施手动关井，当压井作业完毕，需要打开防喷器时，必须利用已修复的液控装置液压开井。手动锁紧装置的结构只能允许手动关井，却不能实现手动开井。

（三）闸板防喷器的合理使用

（1）半封闸板的通径尺寸应与所用钻杆、套管等管柱尺寸应相对应。

（2）井中有钻具时切忌用全封闸板关井。

（3）应记清双闸板防喷器上下全封、半封位置，包括剪切闸板。

（4）长期关井时，应手动锁紧闸板。

（5）长期关井后，在开井以前必须先将闸板解锁，然后再液压开井。未解锁不许液压开井；未液压开井不许上提钻具。

（6）闸板在手动锁紧或手动解锁操作时，两手轮必须旋转足够的圈数，确保锁紧轴到位，并反向旋转 1/4～1/2 圈。

（7）液压开井操作完毕后应到井口检查闸板是否全部打开。

（8）半封闸板关井后严禁转动或上提钻具。

（9）进入油气层后，每次起下钻前应对闸板防喷器开关活动一次。

（10）不准在空井条件下试半封闸板开关。

（11）防喷器处于待命工况时，应卸下活塞杆二次密封装置观察孔处丝堵。防喷器处于关井工况时，应有专人负责注意观察孔是否有液体流出现象。

（12）配装有环形防喷器的井口防喷器组，在发生井喷时应按以下顺序操作：关环形防喷器，保证一次关井成功，防止闸板防喷器关井时发生"水击效应"；用闸板防喷器关井，充分利用闸板防喷器适于长期封井的特点；关井后，及时打开环形防喷器。

三、旋转防喷器

旋转防喷器是用于欠平衡钻井的动密封装置。与液压防喷器、钻具止回阀和不压井起下钻加压装置或井下套管安全阀配套后，可进行带压钻进与不压井起下钻作业，对发现和保护低压油气层有着重要的作用。

（一）结构与原理

旋转防喷器主要由旋转总成、壳体、卡扣筒等组成，而旋转总成主要由卡瓦总成、中心管、轴承、组合密封圈及胶芯等组成（图8-6）。

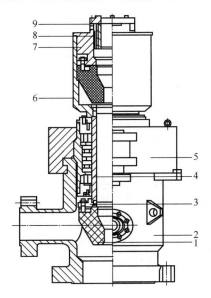

图8-6　Fxl8-10.5/21 旋转防喷器结构图

1—胶芯；2—壳体；3—下胶芯座；4—旋转总成；5—卡箍总成；

6—旋转筒；7—上胶芯座；8—补芯；9—钻杆驱动器

旋转防喷器是靠方钻杆传动动力而转动。卡瓦总成的内四方（六方）与方钻杆连接，外八方与中心管上部内八方连接，中心管外形空间装有轴承，下部与胶芯总成相连接。因此，方钻杆转动可带动旋转总成的转动部分与胶芯同步转动。旋转防喷器对胶芯的密封，一靠胶芯的预紧力（胶芯内径小于钻具外径），二靠井内油气压力对胶芯产生的助封力。这就使旋转防喷器具有既能转动，又能同时密封钻具的作用。

（二）旋转防喷器使用

旋转防喷器在运输过程中，应整体立式运输，不允许卧式运输。它安装在环形防喷器的上面（防溢管被取掉后）。

1. 下钻

（1）使用旋转防喷器下钻时，应先在钻具下部接上引锥，在坐装架上使钻具插入胶芯总成。如钻具插入胶芯困难，可用加压装置加压，使引锥和钻具通过胶芯。

（2）将旋转总成随同钻具一起提出坐装架，卸掉引锥，再接上钻头或其他工具。

（3）如井内有油气上顶力，钻头上应装钻具止回阀。将加压装置卡紧钻具，关闭泄压塞，关闭壳体旁通阀门。在壳体内灌满水（或钻井液），再将钻具和旋转总成同时下放，使旋转总成坐在壳体上（卡块卡在槽内），转动卡扣筒90°左右，插入两个定位销，再打开防喷器全闭闸板，用加压装置继续下钻。

（4）当钻具悬重大于井内油气压力对钻具的上顶力时，不再用加压装置，按正常下钻作业下完钻具。

2. 钻进

钻具下完后，接上事先装好卡瓦总成的方钻杆，下放钻具，使卡瓦总成落入旋转总成的中心管孔后，开旁通阀门和冷却水即可钻进。

3. 起钻

起钻与下钻的程序相反。如井内流体有压力，按正常起钻作业起出钻具，当起钻至井内压力作用在钻具上的上顶力略小于钻具悬重时，再用加压装置配合起钻。当起至钻头离开防喷器全封闸板上平面时，停止起钻。关闭防喷器全封闸板，然后松开泄压塞或旁通阀门泄压，再取出定位销，转动卡扣筒90°左右，最后上提钻具，将旋转总成一并提出，卸掉钻头，将钻具与旋转总成置于坐装架上，接钻头后重复上述操作。

4. 中途带压更换胶芯总成

1）钻具悬重大于上顶力时

（1）上提钻具，当钻具接头过防喷器半封闸板时，关闭半封闸板，松开泄压塞或旁通阀门泄压。

（2）先取掉转盘方补芯和大方瓦，再取出旋转防喷器卡扣筒定位销，转动卡扣筒90°左右，强行起钻，将钻具连同旋转总成一并提出井口后，再放回大方瓦和方补芯，扣好吊卡并把下部钻具坐在转盘上。

（3）卸开旋转总成以下的下部钻具接头，将旋转总成坐在坐装架上，再提出上部钻具。

（4）卸掉M16mm的螺母，取出旧胶芯总成，换上事先安装好M16mm螺柱的新胶芯总成，装好螺母。

（5）按下钻时钻具插入胶芯总成的办法，使钻具插入胶芯总成，再接好下部钻具。

（6）关闭泄压塞或壳体旁通阀门，在防喷器的壳体内灌满水或钻井液。

（7）取出方补芯和大方瓦后，开始强行下钻，使旋转总成坐在壳体上，装好卡扣筒与定位销，打开半封闸板，继续进行起下钻或带压钻进作业。

2）钻具悬重小于上顶力时

钻具悬重小于井内上顶力与大于上顶力的操作程序大致相同。只是起钻与下钻时，上部钻具要用加压装置加压；卸上部钻具前，应用死卡和吊卡固定下部钻具，以防止钻具冲出或下掉。

（三）注意事项

（1）当井内有压力，在全封闸板防喷器关闭的情况下，开始下钻时，旋转总成以下接的钻头或其他工具的总长度，不得大于全封闸板至旋转总成下端之间的距离，否则旋转总成装不上去。

（2）用泄压塞泄压时，不能太快，注意安全，泄压完应旋紧泄压塞再进行下步工作。每次使用旋转总成时，旋转总成外壳的两卡块要对准壳体上的两槽，要检查旋转总成是否与壳体连接好，定位销是否插上。

（3）旋转总成上提下放时，要扶正且缓慢进行，不能太快太猛，以免损坏胶芯、O形圈与其他零件。

（4）钻进时，须保证设备的循环冷却液不间断。起下钻或拆装旋转总成时，应停止供液。做到先冷却循环后开钻，先停钻后停液。

（5）旋转总成与胶芯总成内孔，不允许各式钻头通过，以免损坏胶芯及中心管。

（6）为有利于密封并延长胶芯使用寿命，在钻进与起下钻过程中，应在中心管与钻具间的环空内灌满水或钻井液或混有机油的水，以利于润滑与降温，同时建议钻井作业用六方钻杆与斜坡钻杆。

第二节　液压防喷器控制装置

液压防喷器都必须配备相应的控制装置。防喷器的开关是通过操纵控制装置实现的；防喷器动作所需液压油也是由控制装置提供的。

控制装置的功用就是预先制备与储存足量的液压油并控制液压油的流动方向，使防喷器得以迅速开关。当液压油由于使用消耗，油量减少，油压降低到一定程度时，控制装置将自动补充储油量，使液压油始终保持在一定的压力范围内。

一、组成与类型

控制装置由远程控制台（又称蓄能器装置或远控台）、司钻控制台（又称遥控装置或司控台）以及辅助控制台（又称辅助遥控装置）组成，另外，还可以根据需要增加氮气备用系统和压力补偿装置等，如图8-7所示。

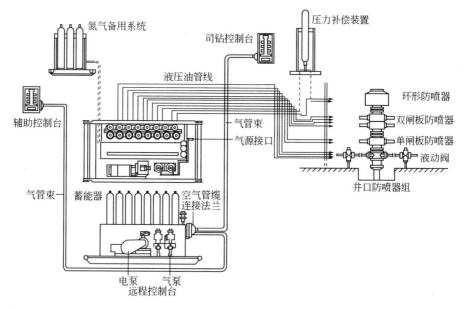

图 8-7　防喷器控制装置组成示意图

　　远程控制台是制备、储存液压油并控制液压油流动方向的装置，由油泵、蓄能器组、控制阀件、输油管线、油箱等元件组成。通过操作三位四通转阀（换向阀）可以控制压力油输入防喷器油腔，直接使井口防喷器实现开关。远程控制台通常安装在面对井场左侧，距离井口 25m 远处。

　　司钻控制台是使远程控制台上的三位四通转阀动作的遥控系统，间接操作井口防喷器开关。司钻控制台安装在钻台上司钻岗位附近。

　　辅助控制台安置在值班房或队长房内，作为应急的遥控装置备用。

　　氮气备用系统可为控制管汇提供应急辅助能量。如果蓄能器和（或）泵装置不能为控制管汇提供足够的动力液，可以使用氮气备用系统为管汇提供高压气体，以便关闭防喷器。

　　压力补偿装置是控制装置的配套设备，在进行强行起下钻作业时，可以减少环形防喷器胶芯的磨损，同时确保过接头后使胶芯迅速复位，确保钻井安全。

　　控制装置上的三位四通转阀的遥控方式有三种，即液压传动遥控，气压传动遥控和电传动遥控。据此，控制装置分为三种类型，即液控液型、气控液型和电控液型。

　　（1）液控液型。利用司钻控制台上的液压换向阀，将控制液压油经管路输送到远程控制台上，使控制防喷器开关的三位四通转阀换向，将蓄能器的高压液压油输入防喷器的液缸，开关防喷器。

　　（2）气控液型。利用司钻控制台上的气阀，将压缩空气经空气管缆输送到远程控制台上，使控制防喷器开关的三位四通转阀换向，将蓄能器高压油输入防喷器的液缸，开关防喷器。

（3）电控液型。利用司钻控制台上的电按钮或触摸面板发出电信号，电操纵三位四通转阀换向而控制防喷器的开关。电控液型又可分为电控气—气控液和电控液—液控液型两种。

二、气控液型控制装置工作原理

气控液型控制装置的工作过程可分为液压能源的制备、液压油的调节与其流动方向的控制、气压遥控三个部分，其工作原理并不复杂，现分别予以简述。

（一）液压能源的制备、储存与补充

如图 8-8 所示，油箱里的液压油经进油阀、滤油器进入电泵或气泵，电泵或气泵将液压油升压并输入蓄能器组储存。蓄能器组由若干个蓄能器组成，蓄能器中预充 7MPa 的氮气。当蓄能器中的油压升至 21MPa 时，电泵或气泵即停止运转。当蓄能器里的油压明显降低时，电泵或气泵即自动启动向蓄能器里补充液压油。这样，蓄能器里将始终维持有所需要的压力。

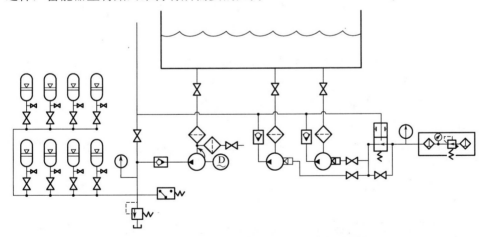

图 8-8　控制装置的液控流程——液压能源的制备

气泵的供气管路上装有气源处理元件、液气开关以及旁通截止阀。通常，旁通截止阀处于关闭工况，只有当需要制备高于 21MPa 的压力油时，才将旁通截止阀打开，利用气泵制造高压液能。

（二）压力油的调节与流动方向的控制

如图 8-9 所示，蓄能器里的液压油进入控制管汇后分成两路：一路经气手动

减压阀将油压降至 10.5MPa，然后再输至控制环形防喷器的三位四通转阀；另一路经手动减压阀将油压降为 10.5MPa 后再经旁通阀（二位三通转阀）输至控制闸板防喷器与液动阀的三位四通转阀管汇中。操纵三位四通转阀的手柄就可实现相应防喷器的开关动作。

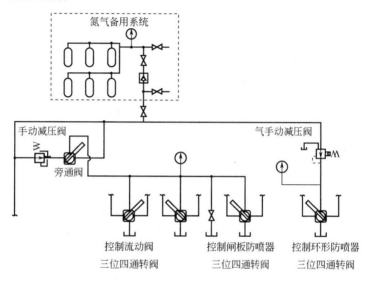

图 8-9 控制装置的液控流程

当 10.5MPa 的压力油不能推动闸板防喷器关井时，可操纵旁通阀手柄使蓄能器里的高压油直接进入管汇中，利用高压油推动闸板。在配备有氮气备用系统的装置中，当蓄能器的油压严重不足时，可以利用高压氮气驱动管路里的剩余存油紧急实施防喷器关井动作。

管汇上装有泄压阀。平常，泄压阀处于关闭工况，开启泄压阀可以将蓄能器里的液压油排回油箱。

（三）气压遥控

上述两部分液控流程属于远程控制台的工作概况。为使司钻在钻台上能遥控井口防喷器开关动作则需要司钻控制台。

气压遥控流程如图 8-10 所示。压缩空气经气源处理元件（包括过滤器、减压器、油雾器）后再经气源总阀（二位三通换向转阀）输至各三位四通气转阀（空气换向阀或三位四通换向滑阀）。三位四通气转阀负责控制远程控制台上双作用气缸（二位气缸）的动作，从而控制远程控制台上相应的三位四通转阀手柄，间接控制井口防喷器的开关动作。

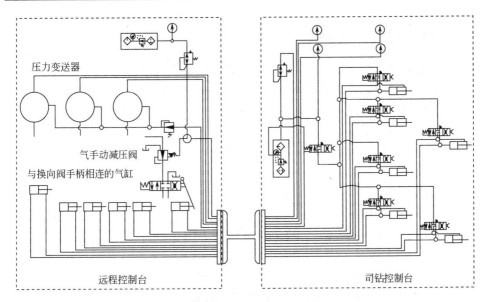

图 8-10 控制装置的气压遥控流程

远程控制台上控制环形防喷器开关的三位四通转阀的供油管路上装有气手动减压阀。该气手动减压阀由司钻控制台或远程控制台上的气动调压阀调控。调控路线由远程台显示盘上的分配阀（三位四通气转阀）决定。通常，气手动减压阀应由司钻控制台上的气动调压阀调控。

司钻控制台上有 4 个压力表，其中 3 个压力表显示油压。远程控制台上的 3 个气动压力变送器将蓄能器的油压值、环形防喷器供油压力值、管汇压力值（闸板防喷器供油压力值）转化为相应的低气压值。转化后的气压再传输至司钻控制台上的压力表以显示相应的油压。

液压能源的制备、压力油的调节与其流向的控制等工作都在远程控制台上完成。

电气控型控制装置的工作过程也分为液压能源的制备、液压油的调节与其流动方向的控制、电信号遥控三部分，其前两部分的工作原理与气控型控制装置基本相同，不同之处主要是遥控部分，电气控型控制装置是通过电信号进行远程遥控的。

三、控制装置正常工作时的工况

钻开油气层前，控制装置应投入工作并处于随时发挥作用的待命工况。蓄能器应预先充油，升压至 21MPa，调好有关阀件并经检查无误后待命备用。控制装置的待命工况，也是临战检查的主要项目。

（一）远程控制台工况

（1）电源空气开关合上，电控箱旋钮转至自动位。

（2）装有气源截止阀的控制装置，将气源截止阀打开。

（3）气源压力表显示 0.65～0.8MPa。

（4）蓄能器下部截止阀全开。

（5）电泵与气泵输油管线汇合处的截止阀打开或蓄能器进出油截止阀打开。

（6）电泵、气泵进油阀全开。

（7）泄压阀关闭。

（8）旁通阀手柄处于关位。

（9）三位四通转阀手柄处于与井口防喷器开关状态一致的位置。

（10）蓄能器表显示为 21MPa。

（11）环形防喷器供油压力表显示为 10.5MPa。

（12）闸板防喷器供油压力表显示为 10.5MPa。

（13）压力控制器的上限压力调为 21MPa，下限压力调为 19MPa。

（14）气泵进气路旁通截止阀关闭。

（15）气泵进气阀关闭。

（16）装有司钻控制台的系统将分配阀扳向司钻控制台。

（17）YPQ 型气动压力变送器的一次气压表显示为 0.35MPa，QBY-32 型气动压力变送器的一次气压表显示为 0.14MPa。

（18）油箱盛油低于上部油位计中位。

（19）气源处理元件中的油雾器油杯盛油过半。

（二）司钻台工况

（1）气源压力表显示为 0.65～0.8MPa。

（2）蓄能器示压表、环形防喷器供油示压表、闸板防喷器供油示压表，三表的示压值与远程控制台上相应油压表的示压值相差值要求：蓄能器压力相差不超过 0.6MPa，闸板防喷器、环形防喷器管汇压力相差不超过 0.3MPa。

（3）气源处理元件中的油雾器油杯盛油过半。

四、控制装置在井场安装后的调试

控制装置安装结束后应进行整体调试，其目的是检查全套设备安装后的密封情况及各部件的性能。

（一）远程控制台空负荷运转前的检查

（1）油箱里装规定类型液压油，可由电动油泵吸油口用吸油管开泵加油，或打开油箱左右两侧上方的观察孔利用油泵加油。加油量应控制在油箱最上面油标上的中间位置。利用油泵加油时，应对液压油进行过滤。

（2）电泵曲轴箱、链条箱注 20 号机油，检查油面高度。

（3）油雾器油杯注 10 号机油，调节顶部针形阀逆旋半圈。

（4）按润滑要求，对运动部位进行润滑（如空气缸和曲轴柱塞泵的链条等）。

（5）蓄能器隔离阀开启。

（6）控制管汇上的卸荷阀打开。

（7）各三位四通转阀手柄扳至中位。

（8）旁通阀在关位。

（9）电动油泵、气动油泵或手动泵的进油口球阀处于开位，备用高压球阀（一般处于油箱的后侧）处于关位；若使用马达调压阀，将马达调压阀两个进气管路前的球阀打开。

（10）电源总开关合上，电压保证 380V，打开电源开关，手动启动电动机，然后立即停止转动。电动机缓慢停止时观察其转向是否与链条护罩上方的箭头所指方向一致，不一致时要调换电源线相位。检查气源压力表的压力，保证气源压力达到 0.65～0.80MPa。

（二）空负荷运转的具体操作步骤

（1）电控箱旋钮转至手动位置启动电泵，检查电泵链条的旋转方向；检查柱塞密封装置的松紧程度，柱塞运动的平稳状况，电泵运转 3min 后停泵。

（2）开气泵进气阀启动气泵，检查其工作是否正常，气泵运转 3min 后停泵。

（3）关闭卸荷阀和旁通阀。

（三）远程台带负荷运转

（1）手动启动电泵，蓄能器压力迅速升至 7MPa（大多数蓄能器充氮压力足够），然后缓慢升至 21MPa，手动停泵，稳压 15min，检查管路密封情况，蓄能器压降不超过 0.5MPa 为合格。

（2）观察管汇压力表和环形压力表，检查或调节两个减压阀后的油压（即两个表压）为 10.5MPa。

（3）开、关卸荷阀，使蓄能器油压降至 19MPa 以下，手动启动电泵，使油压升至蓄能器溢流阀调定值，检查或调节该阀的开启压力，手动停泵。

（4）开、关卸荷阀，使蓄能器油压降至 19MPa 以下，将电控箱旋钮转至自动位，检查和调定压力控制器的油压上、下限值，最后，将电控箱旋钮转至停位。

（5）开、关卸荷阀，使蓄能器油压低于 19MPa，开气泵进气阀，检查和调节压力控制器压力为 21MPa 时停泵。

（6）检查或调节 QBY 型气动压力变送器的输入气压为 0.14MPa（YPQ 型为 0.35MPa），核对远程台与司钻台上的三副压力表，其压差小于规定值。如误差过大，可以通过微调气动压力变送器来实现。

第三节　节流压井管汇

一、节流管汇

（一）结构与组成

节流管汇是控制井内流体和井口压力、实施油气井压力控制技术的可靠而必要的设备。在油气井钻进中，井筒中的钻井液一旦被流体所污染，就会使钻井液静液柱压力和地层压力之间的平衡关系遭到破坏，导致溢流。在防喷器关闭的条件下，循环出被污染的钻井液，或泵入高密度钻井液压井，重建井内平衡关系时，利用节流管汇中的节流阀控制一定的回压，来维持稳定的井底压力，避免地层流体的进一步侵入。节流管汇由主体和控制箱组成。主体主要由节流阀、闸阀、管线、压力表等组成，其额定工作压力应与井口防喷器压力等级相一致，节流阀后的零部件工作压力可以比额定工作压力低一个等级，如图 8-11 所示。

图 8-11　节流管汇

（二）节流管汇的阀门编号及开关状态

节流管汇水平安装在井架底座外侧的基础上，常用的工作压力为 35MPa、70MPa、105MPa 的节流管汇配套示意图如图 8-12、图 8-13 所示。根据相关规定，正常情况下阀的开关位置见表 8-1。

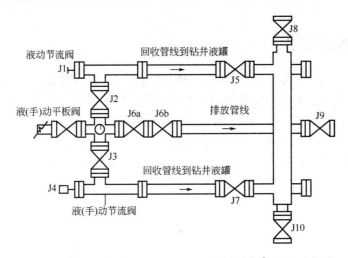

图 8-12 工作压力为 35MPa、70MPa 的节流管汇配套示意图

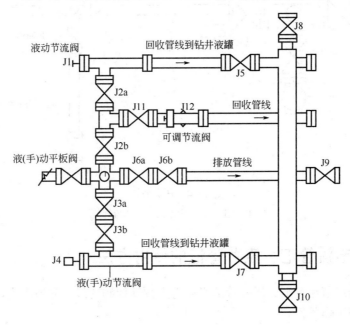

图 8-13 工作压力为 105MPa 的节流管汇配套示意图

表 8-1 节流管汇闸阀开关状态

阀门编号	开关位置	阀门编号	开关位置
J2a、J2b、J3a、J5、J6a、J7、J8	开	J3b、J9、J11、J6b、J10	关
J1、J12、J4、	开 3/8～1/2		

二、压井管汇

压井管汇是井控装置中必不可少的组成部分，它的功用是：当不能通过钻柱进行正常循环或在某些特定条件下必须实施反循环压井时，可通过压井管汇向井中泵入钻井液，以达到控制油气井压力的目的。同时还可以通过它向井口注入清水和灭火剂，以便在井喷或失控着火时用来防止爆炸着火。

压井管汇主要由单向阀、平板阀、压力表、三通或四通组成。压井管汇水平安装在井架底座外侧，其配置如图 8-14 所示。

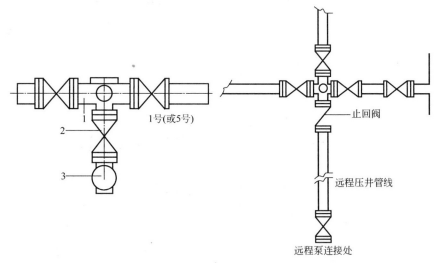

图 8-14　压井管汇

1—五通；2—平板阀；3—单流阀

三、节流管汇、压井管汇的使用方法

（1）选用节流管汇、压井管汇必须考虑预期控制的最高井口压力、控制流量以及防腐等工作条件。

（2）选用的节流管汇、压井管汇的额定工作压力应与最后一次开钻所配置的钻井井口装置工作压力值相同。

（3）节流管汇通径应符合预计节流流量，符合 SY/T 5323—2016《石油天然气工业 钻井和采油设备节流和压井设备》的要求，高产气井用节流管汇通径不小于 103mm，高压高产气井节流管汇应有缓冲管，压井管汇通径不得小于 50mm。

（4）节流管汇五通上接有高、低压量程的压力表，低量程压力表下安装有截止阀。

（5）节流阀开位处于 3/8~1/2 之间，关井时，先关防喷器，然后再关闭节流阀。

（6）平行闸板阀阀板及阀座处于浮动状态才能密封，因此开关到底后必须再回转 1/4~1/2 圈。

（7）平行闸板阀是一种截止阀，不能用来泄压或节流。

（8）平板闸板上有两个注入阀：塑料密封脂注入阀（阀体外有一个六方螺钉）和密封润滑脂注入阀（阀体外有一个六方螺母压紧顶针），二者不能装错，否则易刺坏油嘴，引起失效。

（9）节流控制箱上的速度调节阀是用来调节节流阀开关速度的，不能关到底，否则，无法控制节流阀的启闭。

（10）节流管汇控制箱上的套管压力表、立管压力表是二次压力表，不能用普通压力表代替。

（11）按季节正确选择节流管汇控制箱液压油，确保节流阀从全开到全关在 2min 内完成。

四、防喷管线、放喷管线

（一）防喷管线

（1）防喷管线包括四通出口至节流管汇、压井管汇之间的管线、平行闸板阀、法兰及连接螺柱或螺母等零部件。

（2）四通至节流管汇之间的零部件公称通径不小于 78mm；四通至压井管汇之间的零部件公称通径不小于 52mm。

（3）防喷器四通的两侧应接防喷管线，每条防喷管线应各装两个闸阀，闸阀安装遵守如下原则：

① 在高寒冷地区，要防止冬季防喷管线的冻结。

② 避免操作人员进入井架底座内操作闸阀。

③ 液动阀不能紧靠四通安装。

④ 上游阀（紧靠四通的闸阀）应处于常开状态，下游阀常关。

根据不同季节和地区防冻要求，两个闸阀可以是防喷管线两头各接一个，也可以是两个闸阀双联后接在四通和防喷管线之间。

（二）关于放喷管线和防喷管线的使用要求

（1）放喷管线全部使用法兰连接，用钻杆做放喷管线时，可直接用钻杆螺纹连接，但要外螺纹端朝外。

（2）放喷管线和连接法兰应全部露出地面，不得用管穿的方法实施保护。

（3）含硫和高压地区钻井，四条放喷管线出口都应接出距井口100m以外远，并具备放喷点火条件。

（4）所有防喷管线、放喷管线、节流压井管汇的闸阀应为明杆阀，不能使用无显示机构的暗杆阀。

（5）液气分离器排气管线应接出液气分离器50m（欠平衡井75m）以外远有点火条件的安全地带，其出口点火时不影响放喷管线的安全，排气管线应从液气分离器单独接出。

（6）接一条中压软管至防溢管作为起钻灌钻井液用，严禁用压井管线灌钻井液。

第四节　钻具内防喷工具

在钻井过程中，当地层压力超过钻井液静液柱压力时，为了防止钻井液沿钻柱水眼向上喷出，防止水龙带因高压憋坏，需使用内防喷工具。钻具内防喷工具主要有方钻杆上旋塞阀、方钻杆下旋塞阀、钻具止回阀等。

一、钻具止回阀

（一）钻具止回阀类型与结构

钻具止回阀结构形式很多，就密封元件而言，有蝶形、浮球形、箭形等密封结构。使用方法也各有异，有的连接在钻柱中；有的则在需要时，投入钻具水眼中而起封堵井内压力的作用。

1．箭形止回阀

箭形止回阀（图8-15）采用箭形的阀针，呈流线型，受阻面积小。箭形止回阀维护保养方便，应注意使用完毕后，立即用清水把内部冲洗干净，拆下压帽涂上黄油。定期检查各密封元件的密封面，是否有影响密封性能的明显的冲蚀斑痕，作必要的更换。

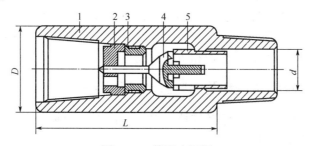

图8-15　箭形止回阀

1—阀体；2—压帽；3—密封盒；4—密封箭；5—下座

这种阀使用时可接于方钻杆下部或接于钻头上部，其扣型应与钻杆相符。

2．投入式止回阀

投入式止回阀由止回阀及联顶接头两部分组成。止回阀由爪盘螺母、紧定螺钉、卡爪、卡爪体、筒形密封件、阀体、钢球、弹簧、尖顶接头等组成；联顶接头由接头及止动环组成，如图 8-16 所示。

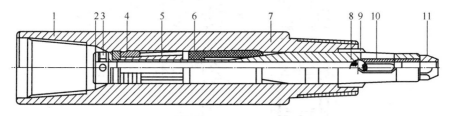

图 8-16　投入式止回阀

1—联顶接头；2—爪盘螺母；3—紧定螺钉；4—卡爪；5—卡爪体；

6—筒形密封圈；7—阀体；8—钢球；9—止动环；10—弹簧；11—尖形接头

投入式止回阀的工作原理是：止回阀在联顶接头处就位后，当高压液体向上运动时，推阀体上行，联顶接头的锯齿形牙和止回阀上部的卡爪相互锁定，由于阀体上行迫使筒形密封件胀大密封联顶接头的内孔，阀体内的钢球在弹簧的作用下密封阀体水眼，这时，止回阀与联顶接头总成组成了一套内防喷器，从钻柱内向井下循环钻井液等流体时，很容易开启止回阀，而井下流体却不能进入阀体水眼。井下流体压力越大，这种阀密封性能越好。

选用时按钻柱结构选择相应规格的联顶接头，并根据所用钻柱的最小内径比止回阀最大外径大 1.55mm 以上选择止回阀。

钻开油气层前，将联顶接头连接到钻铤上部，或直接接到钻头上，当需要投入止回阀时，从方钻杆下部卸开钻具，将止回阀的尖顶接头端向下投入钻柱内孔中。如果井内溢流严重，则应先将下部方钻杆旋塞阀关闭，然后从下部方钻杆旋塞阀上端卸开方钻杆，将止回阀装入旋塞阀孔中，再重新接上方钻杆，打开下部方钻杆旋塞阀，止回阀靠自重或用泵送至联顶接头的止动环处自动就位，开始工作。使用完后卸下止动环，即可从联顶接头内取出止回阀。

3．钻具浮阀

钻具浮阀是一种全通径、快速开关的浮阀，当循环被停止时能紧急关闭。钻具浮阀由浮阀芯及本体组成，浮阀芯是由阀体、密封圈、阀座、阀盖、弹簧、销子组成，如图 8-17 所示。

一般情况下，浮阀均安装在近钻头端，通过阀体与钻柱连接，连接时应注意浮阀放入阀体一端应向上（即浮阀有三个缺口的一端应向上）。

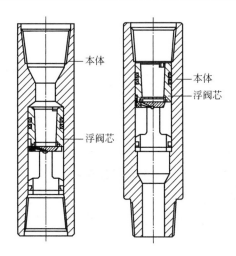

图 8-17 钻具浮阀

在正常钻井情况下，钻井液冲开阀盖（阀盖分为普通阀盖和带喷嘴阀盖）进行循环。当井下发生溢流或井喷时，阀盖关闭达到防喷的目的。通常浮阀组装的是普通阀盖，在特殊作业时安装带喷嘴阀盖。

（二）钻具止回阀和旁通阀的安装和使用

油气层钻井作业中，除下述特殊情况外，建议在钻柱下部安装钻具止回阀和旁通阀。

（1）堵漏钻具组合。

（2）下尾管前的称重钻具组合。

（3）处理卡钻事故中的爆炸松扣钻具组合。

（4）穿心打捞测井电缆及仪器钻具组合。

（5）传输测井钻具组合。

钻具止回阀和旁通阀的压力级别根据地层压力选择 35MPa 或 70MPa，外径、强度应与相连接的钻铤外径、强度相匹配。

钻具止回阀的安装位置以最接近钻柱底端为原则。

（1）常规钻进、通井等钻具组合，止回阀接在钻头与入井第一根钻铤之间。

（2）带井底动力钻具的钻具组合，止回阀接在井底动力钻具与入井的第一根钻具之间。

（3）在油气层中取心钻进使用非投球式取心工具，止回阀接在取心工具与入井第一根钻铤之间。

（4）旁通阀安装在钻铤与钻杆之间或距钻具止回阀 30～50m 处。水平井、大斜度井旁通阀安装在 50°～70°井段的钻具中。

钻具中装有止回阀下钻时,应坚持每下20～30柱钻杆向钻具内灌满一次钻井液。下钻至主要油气层顶部前应灌满钻井液,再循环一周排出钻具内的剩余压缩空气后方可继续下钻。下钻到井底也应用专用灌钻井液装置灌满钻井液后再循环。

止回阀和旁通阀按入井特殊工具的使用管理要求建立记录卡,详细记录入井使用的时间及有关参数。每次下钻前,由专人检查止回阀和旁通阀有无堵塞、刺漏和密封情况。

入井钻井液应在地面认真清洁过滤,避免造成止回阀堵塞。

钻具底部装有止回阀时,起下钻发生溢流或井喷仍按常规关井程序控制井口。

二、方钻杆旋塞阀

方钻杆上旋塞阀,接头螺纹为左旋螺纹(反扣),使用时安装在方钻杆上端。方钻杆下旋塞阀,接头螺纹为右旋螺纹(正扣),使用时安装在方钻杆下端。钻井作业时,方钻杆旋塞阀的中孔畅通并不影响钻井液的正常循环。当发生井喷时,一方面用井口防喷器组封闭井口环形空间,同时根据需要酌情关闭方钻杆上旋塞阀或下旋塞阀,阻止钻井液沿钻具水眼上窜,以保护水龙带与立管管线。因此,在即将打开油气层的钻进过程中或在油气层中继续钻进期间,应确保旋塞阀开关灵活,密封可靠。方钻杆旋塞阀的结构如图8-18所示。

图 8-18　方钻杆旋塞阀

1—手柄;2—旋块;3,9—O形圈;4—阀体;5—弹簧;6—下阀座;7—球体;
8,12—下卡圈;10—上卡圈;11—垫圈;13—卡簧

旋塞阀应使用专用扳手将球阀转轴旋转90°实现开关。方钻杆旋塞阀轴承中填满锂基润滑脂,井场使用时一般无须再做保养。

（一）方钻杆旋塞阀的主要用途

（1）当关井压力过高，钻具止回阀失效或未装钻具止回阀时，可以关闭方钻杆旋塞阀，免使水龙带被憋破。

（2）上部和下部方钻杆旋塞阀一起联合使用，若上旋塞阀失效时，可提供第二个关闭阀。

（3）当需要在钻柱上装止回阀时，可以先关下旋塞阀，在下旋塞阀以上卸掉方钻杆，然后将投入式止回阀投入到钻具内并接上方钻杆，开下旋塞阀，利用泵将止回阀送到位。

（二）旋塞阀的安装和使用注意事项

（1）油气层中钻进，采用转盘驱动时应装方钻杆上、下旋塞阀，使用顶驱时采用顶驱自带的自动和手动两个旋塞阀。

（2）方钻杆下旋塞阀不能与其下部钻具直接连接，应通过保护接头与下部钻具连接。

（3）坚持每天开关活动各旋塞阀一次，保持旋塞阀开关灵活。

（4）方钻杆旋塞阀选用时应保证其最大工作压力与井口防喷器组的压力等级一致。使用前，必须仔细检查各螺纹连接部位，不得有任何损伤或螺纹松动现象，方钻杆旋塞阀在连接到钻柱上之前，须处于"全开"状态。

（5）钻具止回阀失效或未装钻具止回阀时，在起下钻过程中发生管内溢流，应抢接处于打开状态的备用旋塞阀或止回阀，然后再关防喷器。

（6）在抢接止回阀或旋塞阀时，建议使用专用的抢接工具。

第五节　钻井液气体分离器与自动灌注钻井液装置

一、钻井液气体分离器

（一）功用

钻井液气体分离器用来将节流管汇中流出的气侵钻井液进行净化处理，除去混入钻井液中的空气与天然气，回收初步净化的钻井液。

（二）结构与工作原理

常用钻井液气体分离器的结构如图 8-19 所示。

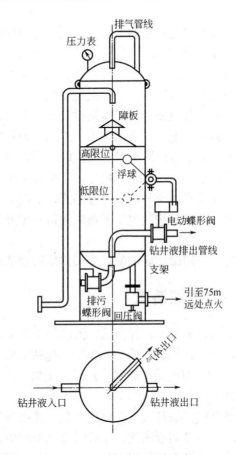

图 8-19　常用钻井液气体分离器

　　分离器罐体焊装在角钢支架上，罐体直径 1.2m，罐高约 3m，支架高 lm。来自节流管汇的气侵钻井液，从罐顶注入罐中。钻井液流经伞状障板时，液流漫散，混在钻井液中的气体随即上升到罐顶部，而密度大的钻井液则沉落在罐底。罐顶部的气体经排气管线引至远离井口 75 m 以外点燃烧掉，沉积在罐底的钻井液则经钻井液排出管线导引至钻井液净化系统进一步净化处理。这样，既避免了天然气对周围环境的污染，又避免了钻井液的流失。

钻井液气体分离器工作时，罐中应保持 0.7MPa 的工作压力，一方面使钻井液有能力克服管路损失顺利流向振动筛，另一方面使钻井液中的气体有控制地膨胀分离。排气管线上装有可调节的回压阀，用以调节罐中气压，罐顶装有压力表，用以显示罐中气压值。当罐中气压过高时，可将回压阀开启度调大，反之调小。

钻井液排出管线上装有电动蝶形阀，用以控制钻井液的排出量。电动蝶形阀由浮球机构自动控制。来自节流管汇的气侵钻井液其含气量差异很大，当含气量过高时，罐中积气过多，钻井液液面将下降，甚至气体可能从钻井液排出管线逸出，使周围环境污染并危及井场工作人员的生命安全。当含气量过低时，罐中气量过少，钻井液液面上升，甚至钻井液可能从排气管线溢出，从而造成钻井液流失。为了防止发生这种异常状况，分离器采用了浮球自动控制机构。当气侵钻井液中含气量过高，罐中钻井液液面降至最低限位时，浮球机构动作使电动蝶形阀关闭，钻井液停止排出，液面不再下降。反之，当钻井液中含气量过低钻井液液面升至最高限位时，电动蝶形阀全开，钻井液畅流，液面不再上升。在罐中钻井液处于高低限位中间时，浮球机构使电动蝶形阀保持一定开启度以维持钻井液输入与输出平衡。

清洗、维修罐体时，可用罐体底部的蝶形阀排出污物或沉渣。

二、自动灌注钻井液装置

起钻作业时，随着钻柱的起出，井筒钻井液液面不断下降，钻井液对井底的静液压力将逐渐降低，加以钻柱提升的抽汲作用，起钻时极易导致溢流与井喷。据统计，井喷事故有 1.7%～30%是在起钻作业时发生的。为了预防井喷，起钻时必须向井筒按时灌注钻井液。

起钻灌钻井液最简单的方法是人工操作钻井泵，使钻井液由井口注入井筒。较为进步的方法是利用专用高架罐灌注，即按时将高架罐中钻井液注入井筒，而高架罐中钻井液则由钻井泵提供与补充。然而这两种方法都不能严格控制灌注量，溢流与井漏现象也不易早期发现，而且起钻作业时操作者经常忽略向井中灌浆操作，因此事故隐患仍然存在。

起钻灌注钻井液较好的方法是采用自动灌注钻井液装置。

自动灌注钻井液装置由电控柜、自灌装置报警箱、液流传感器、砂泵等组成。该装置调节妥当后可以定时自动向井筒灌浆，当溢流或井漏发生时钻台上的自灌装置报警箱可以发出声响与灯光报警信号。

自动灌注钻井液装置的组成与井场安装情况如图 8-20、图 8-21 所示。

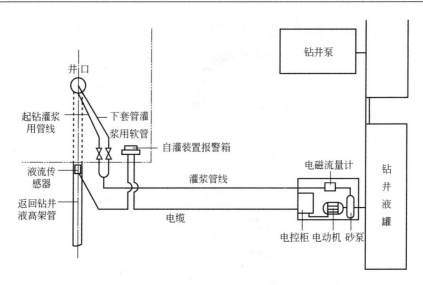

图 8-20　自动灌注钻井液装置组成与布置示意图

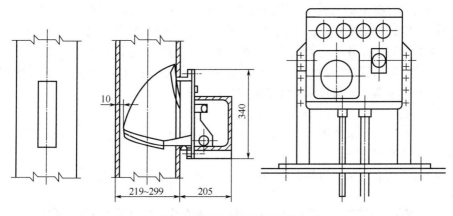

图 8-21　自灌装置报警箱

　　液流传感器装设在返回钻井液的高架管上。液流传感器的结构、原理与钻井参数仪表中返回钻井液流量仪的一次仪表相同，它可以将井筒灌满情况、溢流情况以及井漏情况用电信号传输到钻台上的自灌装置报警箱（图 8-21）。

　　自灌装置报警箱装设在钻台上，报警箱面板上装有显示电源、灌注、井涌、井漏 4 个不同颜色的指示灯以及音响报警器，向操作人员显示灌浆情况与报警信息。电控柜与砂泵安装在钻井液罐附近。电控柜用来调定灌注间隔定时、井涌定时、井漏定时、音响时限等工作参数。

　　灌注间隔定时在 4~48min 范围内选择，调定时间继电器。电泵按间隔定时，自动向井筒灌浆。待钻井液自井口返出后，液流传感器的桨板被液流冲击抬起，砂泵随即断电停灌。砂泵灌浆时，报警箱上灌注灯亮（绿灯），砂泵停灌则灯熄（图8-22）。

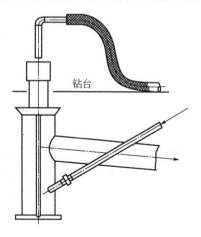

图 8-22　井口灌注管线示意图

　　井涌定时在 10s～2min 范围内选择，通常按 30s 调定时间继电器。当砂泵按灌注间隔定时启动灌浆，钻井液自井口返出，砂泵停灌后井口仍有钻井液返出，这种情况表明油气井有溢流发生。这时，液流传感器的桨板将继续被液流冲击抬起，持续时间达到 30s 时停止。音响定时在 10s～2min 范围内选择，通常按 20s 调定时间继电器。电笛报警持续 20s 即停止鸣声。

　　电控柜调节妥当后，全套设备自动投入工作。

　　自动灌注钻井液装置的工作情况可用 4 句话概括：定时灌注；灌满自停；超时报漏；续流报涌。

　　起钻自动灌注钻井液装置对溢流、井喷有较好的预防作用。

第六节　测井作业电缆井口防喷装置

　　HT 电缆井口防喷装置，既可适用于带压、负压电缆射孔作业，又适用于裸眼井、套管井、生产井的电缆测井、试井井口防喷。

　　每种形式的防喷装置均由承压注脂装置、防喷管、转换短节、捕捉器、防喷器组成。

　　本系统还配有钢丝防喷盒，适用于钢丝试井、测井及其他钢丝作业。

　　HT 电缆井口防喷装置分为以下几种形式：

　　（1）液压单翼防喷装置（图 8-23a）；

　　（2）液压双翼防喷装置（图 8-23b）；

　　（3）机械单翼防喷装置（图 8-23c）；

（4）机械双翼防喷装置；

（5）液压—机械单翼防喷装置（图8-23d）。

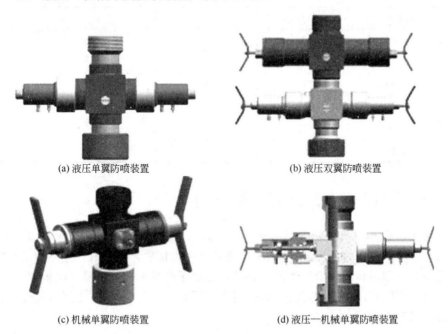

(a) 液压单翼防喷装置　　　　　(b) 液压双翼防喷装置

(c) 机械单翼防喷装置　　　　　(d) 液压—机械单翼防喷装置

图 8-23　HT 电缆井口防喷装置

HT 电缆井口防喷装置具有以下优点：

（1）一套设备通过局部部件互换可实现不同规格电缆的密封。

（2）注脂装置实现了溢脂回收功能，预防油脂随风飘散。

（3）可使不同规格 HT 产品资源共享，避免不必要的重复配置。

（4）机械防喷器的独特设计，使开关更迅速、更灵活、更省力。

（5）液压捕捉器的独特设计，实现了双重捕捉，显示更明显。

（6）全新防腐、喷涂设计，让用户使用更放心。

（7）全部采用进口优质合金钢锻压加工而成，耐压性能可靠，抗冲击能力强。

HT 电缆井口防喷装置的技术性能指标见表8-2。

表 8-2　HT 电缆井口防喷装置的技术性能指标

规格型号	通径，mm	承压，MPa	适用范围
HT138-70	138	70	带压、负压电缆射孔及裸眼、套管井测井、桥塞作业
HT138-35	138	35	
HT118-70	118	70	

续表

规格型号	通径，mm	承压，MPa	适用范围
HT118-35	118	35	带压、负压电缆射孔及裸眼、套管井测井、桥塞作业
HT112-70	112	70	
HT112-35	112	35	
HT76-70	76	70	电缆测井、电子压力计试井、测井温
HT76-35	76	35	
HT62-70	62	70	
HT62-35	62	35	

一、DHP 轻便试油修井防喷器

DHP 轻便试油修井防喷器（图 8-24）是以手动方式、在井内有钻具时，需要封闭井口环形空间时所用的设备。其主要部件采用优质合金钢锻件整体加工而成，使用安全可靠，表面采用新型防腐处理，提高了产品的使用寿命。闸板前端和侧面共有两块胶芯，根据不同的钻具来调换不同的胶芯。本产品适用于 $2\frac{7}{8}$in 油管、$3\frac{1}{2}$in 油管和直径 8mm 的电缆。

二、小井眼单翼防喷器

小井眼单翼防喷器（图 8-25）适用于 250 型井口，主要用于射孔、试油等作业，其结构简单、操作方便、体积小、重量轻，通径为 ϕ124mm，耐压 35MPa。

图 8-24　DHP 轻便试油修井防喷器

图 8-25　小井眼单翼防喷器

三、GY 防喷盒

GY 防喷盒（图 8-26）是一种液压式防喷盒，其结构简单，操作方便，更换密封件容易，适用于试油抽汲作业的井口防喷。

四、大通径手动防喷盒

大通径手动防喷盒（图 8-27）由上下两道密封组成，当下密封胶筒没有完全封住电缆时，渗出的井液进入减压腔从减压接头排到回收盒中，不会经上密封胶筒喷出井口。当压力增大时，顺时针转动上压帽，压缩上密封胶筒夹紧电缆，封住井口。大通径手动防喷盒最大通径 38mm，适用电缆为 ϕ5.56mm、ϕ7.9mm 和 ϕ12.8mm。

 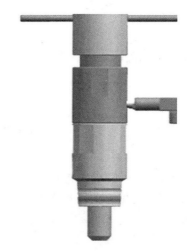

图 8-26　GY 防喷盒　　　　　　　　图 8-27　大通径手动防喷器

五、大通径液压防喷盒

大通径液压防喷盒（图 8-28）由上下两道密封组成，当下密封胶筒没有完全封住电缆时，渗出的井液进入减压腔从减压接头排到回收盒中，不会经上密封胶筒喷出井口。当压力增大时，通过手压泵经油缸输油管总成给液压缸加压，压缩上密封胶筒夹紧电缆，封住井口。大通径液压防喷盒最大通径 54mm，适用电缆为 ϕ5.56mm、ϕ7.9mm 和 ϕ12.8mm。

六、多级溢流抽汲防喷盒

多级溢流抽汲防喷盒（图 8-29）是一种手动方式的防喷盒，其结构简单，操作方便，与其他防喷盒相比增加了一级密封和一级溢流，使密封更安全可靠，它适用于试油抽汲作业的井口防喷。

图 8-28 大通径液压防喷盒

图 8-29 多级溢流抽汲防喷盒

复习思考题

1. 环形防喷器使用时应注意哪些问题？
2. 闸板防喷器的闸板有哪些类型？
3. 闸板防喷器的关井和开井的操作步骤是什么？
4. 闸板防喷器正确使用时应注意哪些问题？
5. 旋转防喷器中途如何带压更换胶芯总成？
6. 旋转防喷器正确使用时注意事项是什么？
7. 防喷器控制装置由哪几部分组成？各部分的作用是什么？
8. 远程控制台待命工况各阀门及旋钮在什么位置？
9. 远程控制台带负荷运转如何操作？
10. 节流管汇及压井管汇的阀门编号及开关状态如何规定？
11. 节流管汇及压井管汇正确使用时应注意哪些问题？
12. 防喷管线及放喷管线的使用有哪些要求？
13. 钻井作业时内防喷工具有哪些？如何正确安装使用？
14. 钻井液气体分离器功用、结构和原理是什么？
15. 自动灌注钻井液装置功用、结构和原理是什么？
16. 测井作业电缆井口防喷盒常用的有哪几种？
17. HT 电缆井口防喷装置有什么优点？

第九章 常见测井仪器

第一节 测井井下仪器

一、井斜方位测量

（一）仪器

井斜方位测量仪器见表 9-1。

表 9-1 井斜方位测量仪器

公司	名称	缩写
Schlumberger	高分辨率地层倾角仪 / 多用途测斜仪	SHDT/GPIT
	井眼几何形状测井仪	BGL
	陀螺测斜仪	GCT

（二）原理

井斜方位测量分为两种类型：连续测量和点测。连续测量通常是钻后测量。点测仪有两种，单点仪和多点仪。单点仪（仅测倾角）用于钻进期间，通常每天测一次或每次下钻测一次。多点仪是在钻井后测量，但仪器在特定深度下定点记录，测量井眼的倾角（用摆针）和方位（用磁罗盘或陀螺）。有些仪器还加有井径测量。所有的连续测量记录都能提取方位测量数据。

在井斜方位测量中可获取三种基本测量数据：井斜、相对方位和方位角。井斜测量仪器轴与垂直面的垂向夹角，就是井眼的倾角；当仪器提向井口时，电缆的扭动会造成仪器的旋转，相对方位测量就是测此旋转角度，这是仪器上的一个参考点（如 1 号极板）与正北方向之间的水平夹角；方位角是正北方向与过仪器（即井轴）的垂直面之间的水平角度。

（三）用途

（1）用在三维空间上，确定相对地面坐标的井身轨迹。

（2）判断井身轨迹是否在规定区域内。

（3）可查明定向井、斜井和水平井的井底位置。

（4）评价井身状况对下套管和下仪器的影响。

（5）有助于确定真垂直深度和真沉积厚度，用于作图和储层评价。

二、井径测井

（一）仪器

井径测井仪器见表 9-2。

表 9-2　井径测井仪器

公司	仪器名称	缩写
Atlas	四臂井径仪	4CAL
	三臂井径仪	3CAL
	双臂井径仪	2CAL
Schlumberger	井眼几何形状仪	BGL

（二）原理

井径测井是对井眼尺寸的测量，大多数是从一个或多个臂、极板或弓形弹簧的机械式仪器测量得到，也有一些使用声能仪器测量。多数情况下，井径测量仪是随主仪器下井测量。单臂井径测量仪都是使仪器偏心（如密度测井仪）而获得测量数据；联动的双臂井径仪是为使仪器居中并提供单方向的井径，如在大多数的极板型电阻率仪上的井径测量；三臂井径仪除纯作井径测量外还用于仪器的居中，弓形弹簧井径仪也是这种类型；四臂井径仪由四个独立的活动臂或互成直角的两两成对的井径仪组成，前者提供四个独立的半径，而后者提供两个相互垂直的井径（即 XY 井径）。

三、自然伽马／自然伽马能谱测井

（一）仪器

自然伽马/自然伽马能谱测井仪器见表 9-3。

表 9-3　自然伽马/自然伽马能谱测井仪器

公司	仪器名称	缩写
Atlas	自然伽马测井仪	GR
	能谱测井仪	SL
Schlumberger	自然伽马测井仪	GR
	自然伽马能谱测井仪	NGS

（二）原理

自然伽马（GR）/自然伽马能谱测井是测量地层中天然放射性元素的含量。由于放射性元素通常聚集在页岩和黏土中,故可间接测量沉积地层中的泥质含量。伽马能谱（GST-碳氧比型仪器）和自然伽马能谱（NGT）测井所测量的是伽马射线的特定谱域。自然伽马能谱是测量地层中的钾、钍和铀的含量,钾与云母和长石有关,钍和铀与放射性盐类有关,铀还与有机质有关。

（三）用途

（1）储层划分,确定泥质类型和含量。

（2）井间对比。

（3）阳离子交换能力研究。

（4）火山岩识别。

（5）放射性矿物识别,钾、铀含量评价。

四、自然电位测井

自然电位（SP）曲线是井眼中移动电极（仪器）的电位与地面电极固定电位的差的反映。SP 曲线上的偏移是电流在井筒内的钻井液中流动的结果,电流是井壁两侧流体所含离子浓度差形成的电化学作用所造成。

（1）探测渗透层。

（2）确定地层界面位置,地层对比。

（3）确定地层水电阻率（R_w）的值。

（4）定性判断地层泥质含量。

五、微侧向/微球形聚焦测井

（一）仪器

微侧向/微球形聚焦测井仪器见表 9-4。

表 9-4 微侧向/微球形聚焦测井仪器

公司	仪器名称	缩写
Atlas	微侧向测井仪	MLL
	微球形聚焦测井仪	MSFL
Schlumberger	微球形聚焦测井仪	MSFL

（二）原理

微侧向测井仪是一种极板式测井仪，其极板由主电极和屏蔽电极组成，主电极向地层发射电流，在屏流的作用下被聚焦成束状水平注入地层而不会沿滤饼分流。由于电极系尺寸较小，主电流进入地层不远即散开返回至仪器外壳，因此其探测深度浅，有极好的纵向分层能力，主要用来测量冲洗带电阻率。常与双侧向仪器在高矿化度钻井液中同时测量，获得浅、中、深径向电阻率数据。

微球形聚焦测井是一种滤饼补偿式的电流聚焦型微电阻率测井方法。微球仪器具有特殊的电极系结构和特殊的测量方式，所以使微球测出的冲洗带电阻率受滤饼影响小，更接近真实的冲洗带电阻率。微球形聚焦测井资料在测井解释中不但可以定性划分渗透层，而且还可以为定量解释提供较准确的冲洗带电阻率和滤饼的厚度，为求出可动油饱和度提供重要参数。微球仪器在测井的过程中，当井径发生变化时，推靠器两臂也随之变化，它能及时地反映出井径大小的变化。

（三）用途

（1）确定冲洗带电阻率，可动烃指示。
（2）与其他电阻率测井配合确定产层厚度。
（3）与其他电阻率测井配合确定地层孔隙度和渗透率。
（4）与其他电阻率测井配合确定可动油。
（5）确定井眼大小和滤饼厚度。
（6）井径测量。

六、双侧向测井

（一）仪器

双侧向测井仪器见表 9-5。

表 9-5 双侧向测井仪器

公司	仪器名称	缩写
Atlas	双侧向测井仪	DLL
	薄层电阻率仪	TBRT
Schlumberger	双侧向测井仪	DLL

（二）原理

双侧向系列进行三种电阻率测量：深侧向、浅侧向和微电阻率（MSFL 或 MLL）。此外，也记录一些辅助曲线（如井径、自然伽马和自然电位）。

双侧向测井用于盐水钻井液对薄层和高电阻率地层的响应，数值精确。双侧向仪器有数种不同的设计，其核心是一个三电极系，中间电极被供以一定强度的电流；两个邻近（屏蔽）电极发射可调的可变强度电流，使其与中间电极的电位差为零。结果是，中间电极的电流被限制为向外的径向流，以"电流层"进入地层，电流层的厚度由屏蔽电极之间的距离所决定。与此同时在离开中间电极径向上的任何距离的电流强度与这个距离和源距的乘积成反比。径向进入地层的电流层的电位下降由远端的回路电极所监控，由此就得到了由钻井液、侵入带和原状地层的电阻率响应之和所推演出的视电阻率。在钻井液的导电性相对好、侵入程度低且地层电阻率很高时，视电阻率近似于地层真电阻率。

（三）用途

（1）分辨含盐水层和含烃层，可动烃指示。
（2）确定地层真电阻率，盐水钻井液中的电阻率测量。
（3）估计钻井液滤液侵入深度。
（4）地层对比。
（5）帮助确定 Archie、Humble、Tixier 等公式的参数。

七、感应—聚焦测井

（一）仪器

感应—聚焦测井仪器见表 9-6。

表 9-6 感应—聚焦测井仪器

公司	仪器名称	缩写
Atlas	双感应聚焦测井仪	DIFL
	双相位感应测井仪	DPIL
Schlumberger	双感应测井仪	DIL
	相位感应测井仪	PI

（二）原理

感应仪由几个发射和接收线圈组成，固定电流强度的 20kHz 的交流电加在发射线圈上，形成一个交流磁场进而在地层中感应出次生电流。次生电流形成的磁场，由接收线圈所探测。双相位感应仪与标准的感应仪相似，这些仪器的工作频率范围 10～40kHz，接收探头测量两种信号，第一种是同相信号（R），第二种是异相信号（X、Q 或相位差）。这些仪器测得的 R_t 垂直分辨率较标准感应仪好，且其探测深度并未降低。

球形聚焦使用聚焦电流，迫使在井眼附近较大范围内形成近似球形的等电位面。Atlas / COOLC 还可使用八侧向代替聚焦测井。

（三）用途

（1）划分地层。
（2）进行地层对比。
（3）确定地层真电阻率、侵入剖面。

八、密度测井

（一）仪器

密度测井仪器见表 9-7。

表 9-7 密度测井仪器

公司	仪器名称	缩写
Atlas	补偿密度测井仪	CDL
	Z-密度测井仪	ZDL
Schlumberger	地层补偿密度仪	FDC
	岩性密度仪	LDT

（二）原理

补偿密度仪器发射伽马射线进入地层，当伽马射线与地层原子碰撞时，发生康普顿散射而损失能量。其中一些伽马射线折射回仪器的两个探头而被接收。由于致密地层吸收较多的伽马射线，探头的低计数率反映高密度的地层；高计数率反映了低密度的地层。计数率与地层的密度成对数关系。所有的仪器都使用"脊肋"图板自动校正井眼的滤饼影响，$\Delta\rho$ 曲线为校正量。密度仪的探测深度＜20.3cm（8in）。

岩性密度仪发射伽马射线进入地层，如果发射的伽马射线损失较多的能量，就会被地层中的原子所吸收并释放出光子，探头测量地层中释放的光子。地层释放的光子与地层的平均原子数（Z）呈比例，记录的 Pe 曲线即 Z 的函数。

（三）用途

（1）可测量地层体积密度和光电吸收截面指数。
（2）确定地层孔隙度和岩性。
（3）识别地层矿物。
（4）判断流体性质。
（5）识别气层。

九、中子测井

（一）仪器

中子测井仪器见表9-8。

表9-8　中子测井仪器

公司	仪器名称	缩写
Atlas	补偿中子测井仪	CN
Schlumberger	补偿中子测井仪	CNL

（二）原理

中子仪使用一个放射源（钚-铍或镅-铍源）向地层发射高能（4.1MeV）快中子，这些中子与地层物质的原子核发生碰撞，每次碰撞后每个中子会损失能量（玻耳兹曼输运方程）；发射的中子与氢原子碰撞的影响最大。反射回的慢（热）中子（0.025eV）由两个探头进行计数，中子读数取决于地层的含氢指数—孔隙空间中的含水或含氢量的函数。含氢指数与单位体积含氢量成正比，淡水为 1 个单位。提供补偿的两个探头计数率之比由地面计算机处理，以计算出线性刻度的中子孔隙度记录。放射源与两个探头之间的距离决定其探测深度。

（三）用途

（1）计算视孔隙度。

（2）与其他测井资料结合识别岩性，探测气层。

（3）套管井测井。

（4）地层对比、黏土分析。

十、声波测井

（一）仪器

声波测井仪器见表 9-9。

表 9-9　声波测井仪器

公司	仪器名称	缩写
Atlas	井眼补偿声波测井仪	AC
	长源距 BHC 声波测井仪	ACL
	数字声波测井仪	DAL
Schlumberger	井眼补偿声波测井仪	BHC
	长源距声波测井仪	LSS

（二）原理与用途

基本的声波仪器由一个发射声波脉冲的发射探头和一个检测脉冲的接收探头所组成。声波测井是记录发射的脉冲波传过一个单位体积岩石所需要的时间，即声波时差。时差是声波速度的倒数，一定地层的时差取决于其岩性和孔隙度。

井眼补偿（BHC）系统使用两对声波接收探头和上下各一个的发射探头。这一类型的仪器减小了井眼尺寸变化和仪器碰撞所造成的不良影响，当其中一个发射探头发射脉冲波时，在两个相应接收探头上可测得首波的时间差。BHC 仪器的两个发射探头交互地发射脉冲波，在两个接收探头上读取时差。接收到的两套时差自动地平均进行井眼补偿。典型的 BHC 系统的发射探头和第一个接收探头之间的距离为 1.22m（4ft），相邻两个接收探头的距离为 0.61m（2ft），在两个接收探头上的首波时间取决于在井眼附近地层中的首波传播路径。

为了取得垮塌地层的精确声波速度测量，要求使用长源距的声波仪。因此，2.44m 和 3.05m（8ft 和 10ft）或 3.05m 和 3.66m（10ft 和 12ft）发射探头—接收探头距离的长源距声波仪（LSS），比 BHC 声波仪的探测深度更深，受大井眼的影响小。

（三）用途

（1）孔隙度分析，岩性识别。
（2）提供速度数据为地震作参考。
（3）地层对比。
（4）结合其他主要的孔隙度测量确定次生孔隙度，探测裂缝。
（5）确定岩石的机械特性，出砂分析。

十一、井周成像（声波）

（一）仪器

井周成像（声波）仪器见表 9-10。

表 9-10　井周成像（声波）仪器

公司	仪器名称	缩写
Atlas	井周声波成像测井仪	CBIL
	井周声波电视测井仪	BHTV
Schlumberger	井下电视	BHTV

（二）原理

声波型的井下电视（BHTV）为一个超声（10～20kHz、250kHz、1.3MHz 或 2MHz）的换能器。仪器上一个居中的半球形聚集换能器和接收器快速旋转，以得到井壁反射信号的细微螺旋图像。由幅度或传播时间来作出脉冲—回声方式的成像。测量传播时间时，可作出井眼几何形状的成像（孔洞、裂缝、垮塌和椭圆度）；岩性裂缝和层理的变化所引起的井壁声阻抗的变化，就造成了接收回声幅度上的变化。

数字井周成像测井采用了最新的井眼成像技术。新一代的仪器比以前任何时候都更易于精确评价裂缝、地层倾角、薄层和地质特征的方向。通过改进声波波列记录和数字式数据采集与处理方式，CBIL 成像测井的应用已扩展到高孔隙度（大于 28%）未固结地层。无论是在水基钻井液还是油基钻井液中都能给出可靠的结果。测井时实时显示反射波幅度和声波传播时间灰度图像。CBIL对裂缝、薄层和倾斜层的高分辨率、360°全方位描绘为在井场做出复杂的钻井、完井与生产决策提供有价值的信息。

（三）用途

（1）识别地层特征：裂缝、次生孔隙、薄层、与应力有关的井眼垮塌、方位与倾角、岩性变化、地层倾角、孔隙变化。

（2）在复杂井眼环境（包括油基钻井液）下，精确地计算倾角。

（3）描述沉积特征：层状层理、交错层理、生物扰动、冲淤和滑塌构造。

（4）识别次生成岩特征：缝合线，孔洞或岩洞。

（5）确定薄层沉积层序的砂/泥岩分布。

（6）用高分辨率声波井径数据详细评价井眼几何形状。

（7）确定水平井钻井的最佳造斜方向。

（8）确定井位以使地层排液或注水状态最佳。

十二、倾角测井

（一）仪器

倾角测井仪器见表9-11。

表9-11 倾角测井仪器

公司	仪器名称	缩写
Atlas	地层倾角测井仪	DIP
	高分辨率6臂倾角测井仪	HDIP
	八臂地层倾角测井仪	OCTDIP
Schlumberger	高分辨率地层倾角测井	SHDT
	6电极倾角仪	SED
	油基钻井液倾角仪	OBDT

（二）原理

倾角仪用于测量薄层的电阻率或电导率变化，与微侧向或微梯度的微聚焦电导率测量相似。通过相关对比，可确定地层产状和构造倾角。微电阻率曲线不是作为定量值，而是作为四个极板相互间比较的工具。高分辨率指的是测井时的高采样率，小尺寸的微电阻率探头和从发射电极流向地层的强聚集电流决定了 0.51cm（0.2in）的分辨率。仪器使用贴井壁的 3 臂以上的多电极装置来确定地层的倾向和倾角。加速度计、井径和磁方位计提供了井斜、井眼尺寸和方位的信息。

（三）用途

（1）识别构造倾角、断层、褶皱和不整合的解释，构造作图和井间对比。

（2）沉积倾角的解释、古水流方向的识别。

（3）确定井眼轨迹、真垂直深度、井筒体积、井眼椭圆度和垮塌情况，也能得到井斜方位。

（4）使用多电极（4 电极、6 电极等）仪器时，能用于裂缝识别的计算。

十三、地震测井/垂直地震剖面

垂直地震剖面现场作业对井眼条件的要求如下：

（1）钻井平台和井孔的基本数据（如补心高、首向、套管程序、固井质量、裸眼井的井径、钻井液密度、井下温度等）应齐全、准确。

（2）应保证裸眼井段畅通，无井壁坍塌，确保井下仪器安全。

（3）保证井中液面高度接近井口，以减弱套管波的干扰。

（4）在现场作业期间，停止平台上无线电通信、电焊及一切有影响的外界干扰活动。

（5）应采用裸眼井测量作业。在特殊情况下可考虑下套管后作业，但不能在多层套管下作业，同时要求套管和井壁之间固结良好，保证井下仪器与井壁有很好的耦合。

十四、重复地层测试

（一）仪器

重复地层测试仪器见表 9-12。

表 9-12　重复地层测试仪器

公　司	仪器名称	缩　　写
Atlas	重复地层测试器	FMT
Schlumberger	重复地层测试器	RFT

（二）原理

地层测试器用于测量地层压力和获取地层流体样品。每次下井可对多个深度测量压力并可取两个流体样。仪器坐封成功后，探管插入地层，活塞抽取地层流体进入预试室，并记录进入预试室的流体压力。根据预试要求，可打开第一取样筒取样；第二取样筒既可在同一点取样，也可在不同的深度取样。

（三）用途

（1）确定地层压力、压力梯度、流体密度和流体界面。

（2）渗透率及其在不同方向差异性的估计。

（3）地层流体取样和高压物性（PVT）研究。

十五、井壁取心

（一）仪器

井壁取心仪器见表9-13。

表 9-13　井壁取心仪器

公　司	仪器名称	缩　写
Atlas	井壁取心枪	SWC
Schlumberger	井壁取心仪	CST
	机械井壁取心仪	MSCT

（二）原理

井壁取心器分为深度精确定位的取心枪或机械取心筒，取心枪在预定的位置发射中空的圆柱形弹体进入地层，采集地层岩心样品。取心时从地面进行电点火，按顺序每次发射一颗取心弹。点火由枪的底部自下而上进行，弹体射入地层后由连在枪上的两条钢丝绳回收。可以2~3支枪连接在一起一次下井。机械式取心仪在预定深度固定后，通过旋转的取心钻头，钻取地层岩心样品。枪和仪器可由自然电位或自然伽马深度定位。

（三）用途

（1）岩性分析，泥质含量和颗粒密度确定。

（2）孔隙度和渗透率分析，含油气指示。

十六、水泥胶结评价测井

（一）仪器

水泥胶结评价测井仪器见表 9-14。

表 9-14 水泥胶结评价测井仪器

公　　司	仪器名称	缩　　写
Atlas	水泥胶结测井仪	CBL
	扇区水泥胶结测井仪	SBT
Schlumberger	水泥胶结仪	CBL
	水泥评价仪	CET
	超声成像仪	USI

（二）原理

水泥胶结测井是对接收的声波信号幅度的测量。声幅在无水泥的套管（自由套管）处最大，在水泥胶结完好处最小。声波幅度是套管尺寸和厚度、仪器居中程度和水泥固结程度的函数。传播时间曲线（TT2）没有进行井眼补偿，仅用于质量控制和为解释提供帮助。变密度为同时记录的声波波列的特殊显示，提供套管与水泥、水泥与地层两个界面的胶结评价。

CET 和 SBT 为井周多个传感器的高频超声测量，检查井周多方位的水泥胶结质量，主要反映第一界面（套管与水泥环）的情况；结合变密度测井，也可评价第二界面（水泥与地层）。

USI 仪用一个旋转探头进行超声扫描，以提供全方位的水泥胶结图像。其探测范围和应用与 CET 相近。

GR 和 CCL 曲线通常也同时测量。

（三）用途

（1）水泥胶结质量评价，确定水泥上返高度。

（2）识别管外窜槽。

（3）套管评价（如套管被腐蚀、变形或破裂等）。

第二节 其他的电测工具

一、核磁共振

核磁共振（Megnetic Resonance Image Log，MRIL）的基本原理是使用静态磁场来极化地层中的氢质子，然后加上射频磁场来旋转或是倾斜质子，使其与横断面成 90°。经过一定的时间后，第二个脉冲使质子旋转至 180°，使旋转—回波以时间 TE 来重复。其后，一系列 180° 的脉冲以相等的时间间隔加入，每加入一个脉冲，就产生了一次旋转—回波。旋转—回波串在幅度上的延迟随时间记录下来，形成了基本的 MRIL 数据串。

旋转—回波幅度是地层流体体积的测量。旋转—回波串幅度上的延迟时间称为 T_2。在孔隙空间中的可动地层流体（MBVM）构成了旋转—回波延迟部分的减速剂，而毛细管束缚流体（MBVI）产生延迟部分的加速剂。流体在较大孔隙里具有较大的 T_2 值，流体在较小孔隙里显示较小的 T_2 值。最大的旋转—回波幅度在 $T=0$ 时是地层有效孔隙度（MPHI）的直接指示。

二、旋转井壁取心器

旋转井壁取心器（Rotary Sidewall Coring Tool，RCOR）是一种先进的，计算机控制的，以液压为动力来切割并收取多个井壁岩心的工具。RCOR 使用低速度、高扭矩的取心技术，提供形状一致的圆柱形岩心样品，封闭的仪器设计保证在所有类型的井眼流体中可靠的操作。高分辨率的闪烁伽马计数器使仪器精确定位。金刚石镶嵌的取心钻头，可取得符合工业标准的直径 1in（25.4mm）长度 1.75in（44.5mm）的岩心，与自动岩心测量设备相兼容。

RCOR 系统由两部分组成，一是地面计算机控制的部分，二是井下仪器部分。整个取心和储存的过程通过计算机的简单指令和地面显示来控制和监视。取心是用枢轴钻头箱钻进。随着仪器下入井中，钻头箱与仪器本体成一直线，到达设计深度后，钻头箱被枢轴推到钻进位置，并与井壁相接触。钻到最大可采收岩心长度后，进行测量和储存，然后重新定位到下一个取心深度。

在取心时，钻头箱锁定在固定位置，用实时的图形监视器来监测钻头的前进情况。一旦到达最大长度的位置，钻头回收到仪器本体内，钻头箱旋转到弹出位置。这时一个棒状物体旋转式地进入钻头箱，把岩心弹到仪器的储存部分。岩心的运动触发了一个微开关来对获取岩心长度进行实时测量。

从井壁取出的岩心进行分析得到的数据，可以用于整个储层评价的全过程中，从减少钻进对地层的伤害到在三次采收中最大优化烃的生产。观看电子显微镜的扫描对了解储层对钻井和完井流体的敏感性是一个很大的帮助。薄片对确定储层质量是一个重要的帮手，如孔隙类型、孔隙尺寸、孔隙形状和对孔隙度的单独测量。薄片也可用来帮助识别组成砂岩颗粒的矿物组分、砂岩颗粒大小和颗粒尺寸的标准偏移（分选性）。

三、钻杆解卡服务

（一）测卡点施工步骤

（1）悬挂天滑轮于井架上，要求悬挂点抗拉强度 8t 以上。

（2）电缆从顶驱上方穿入顶驱内，地面连接测卡点工具串，检查工作正常后下入钻杆内，校深。

（3）到达大致遇卡深度后，进行测量，顶驱给钻具加正扭矩，要求在钻具的承受能力范围内，扭矩加的越大测量效果越好，经验值为每千米 3.5 圈。分段进行卡点测量，直至找到卡点。

（4）提出测卡点工具串。

（二）爆炸松扣施工步骤

（1）悬挂天滑轮于井架上，要求悬挂点抗拉强度 8t 以上。

（2）电缆从顶驱上方穿入顶驱内，地面连接爆炸松扣工具串，爆炸杆在井口安装，下入钻杆内。

（3）到达卡点位置后根据钻具组合图校深，在卡点以上第二个接头处进行爆炸松扣。若一次爆炸松扣没有成功，可第二次下入爆炸杆进行爆炸松扣。在点火前，钻具必须充分活动，并施加反扭矩，反扭矩的大小在钻具的承受能力内范围越大越好，经验值为每千米 3.5 圈，大钩提起爆炸点，以上钻具的总重量加摩阻。

（4）爆炸松扣为火工危险作业，作业前必须关闭船上所有无线电台、对讲机、高频电话，停止一切电气焊作业。

四、核磁共振测井

核磁共振（Combinable Megnetic Resonance，CMR）是将一个永久磁铁固定在仪器的滑板上，永久磁铁使地层中的氢质子按磁场排列，然后天线发射一个脉冲使氢质子旋转 90°，撤掉脉冲后质子回到原来的状态所用的时间称为弛豫时间，用 T_2 表示，它是地层中孔隙分布的函数。

CMR 200 具有新的电子电路，可以直接测量短到 200ms 的回波串的间距，即像粉砂一样的微小孔隙。标准的核磁共振仪器的测速很低，而现在的 CMR 的束缚流体技术可以以 3600ft/h 的测速提供束缚水饱和度和渗透率。

五、随钻测井仪器（LWD）

（一）电阻率仪器

近钻头电阻率仪器（RAB）是装在接近钻头扶正器的一个短节，它可测量四种探测深度的近钻头电阻率、自然伽马、钻头的倾斜数据以及钻头的震动，用电磁遥感技术传输到地面。测量的数据可以进行实时传输也可以储存在井下。

（二）方位密度中子仪（ADN）

方位密度中子仪提供实时的中子孔隙度、地层体积密度和光电系数数据，这些放射性测量都是经过井眼补偿的。ADN 仪器的放射源在钻铤内是很安全的，放射源用钛金属线相连，在遇卡时可以用电缆通过钻杆打捞出来。

（三）井眼补偿的双电阻率仪器（CDR）

井眼补偿的双电阻率仪器有两种探测深度，浅电阻率为 20～45in，深电阻率为 35～65in。其分辨率在没有侵入的情况下为 6in。

（四）地质导向仪（GST）

地质导向仪可测量电阻率、自然伽马、钻头速度和钻头处的井斜，仪器主要由导向电动机、测量短节和电磁传输系统构成。它可实现如下功能：

（1）连续井眼轨迹控制。

（2）地面可调的弯头允许使用相同的工具钻大曲率半径和中曲率半径的井。

（3）在大角度井或水平井中，近钻头的井斜探测降低了井眼曲率。

（4）近钻头的探头使钻头到测量的延迟接近于零，可以保持井眼在储层内穿过。

（5）方位伽马在钻头处提供地质对比的机会，使司钻知道是在储层的上边界还是在储层的下边界。

（6）定量的电阻率测量可以实时地指出岩性和油气，可以用来确定油水界面和进行地层对比。

附录　中国石油天然气集团公司测井井控检查考核表

测井公司机关安全检查考核表见附表1。

附表1　测井公司机关安全检查考核表

序号	项目	检查（项目）内容	分值	得分
1	安全生产责任制	（1）建立主要负责人、分管负责人、安全生产管理人员、职能部门、岗位员工安全生产责任制； （2）签订安全承包责任书		
2	安全生产规章制度	（1）安全检查制度； （2）职业危害预防制度； （3）安全教育培训制度； （4）生产安全事故管理制度； （5）重大危险源监控和重大隐患整改制度； （6）设备安全管理制度； （7）安全生产奖惩制度； （8）安全生产档案管理制度		
3	安全生产管理机构和人员配备	（1）公司及下属单位设置安全生产管理机构，配备专职安全生产管理人员； （2）设置安全监督机构，配备专职安全监督人员； （3）成立安全生产委员会； （4）生产作业队配备专（兼）职安全员		
4	安全生产操作规程	（1）制定本单位安全生产操作规程； （2）安全生产操作规程内容涵盖公司下属单位各工种、岗位； （3）安全生产操作规程符合岗位实际，可操作性强； （4）岗位安全操作规程操作人员每班一册（或上墙）； （5）安全生产操作规程不断完善和改进（能根据设备更新和工艺变化完善和改进安全生产操作规程）		
5	安全投入	（1）每年安排有安全管理、设备设施经费； （2）每年有专门的安全教育培训费用； （3）每年有重大隐患治理及安全技措投资费用； （4）依法参加工伤保险，为从业人员缴纳保险费； （5）为从业人员配备符合国家标准或者行业标准的劳动防护用品		

序号	项目	检查（项目）内容	分值	得分
6	事故与应急救援预案	（1）制定本单位的生产安全事故应急救援预案； （2）建立应急救援组织，落实应急救援队伍； （3）配备应急救援物资、设备和器材，维护保养良好； （4）企业有本单位事故应急救援预案演练计划及演练记录； （5）建立事故管理档案、对事故的处理做到"四不放过"		
7	安全培训	（1）制定年度培训计划并组织实施； （2）建立员工培训管理台账和培训档案； （3）对培训的效果进行评价； （4）单位主要负责人经安全生产监督管理部门考核合格，取得安全资格证书； （5）安全管理人员经安全生产监督管理部门考核合格，取得安全资格证书； （6）特种作业人员经有关业务管理部门考核合格，取得特种作业操作资格证书； （7）其他从业人员接受安全教育和培训（包括新入厂员工三级安全教育，转岗员工、临时用工人员的安全教育），并经考试合格； （8）采用新工艺、新技术、新材料或者使用新设备，对从业人员进行专门的安全生产教育和培训		
8	安全生产监督检查情况	（1）建立、健全安全生产监督体制，落实机构和责任，实现监、管两条线管理模式； （2）编制安全检查表； （3）局级单位每年至少进行两次综合安全检查，处级单位每季度至少进行一次安全检查； （4）制定违章处罚办法，对检查中发现的"三违行为"按处罚办法进行处理； （5）对检查中发现不能立即排除的事故隐患，应制定有防范和监控措施，并制定"隐患治理计划"，明确实施责任人、完成时间，按期完成整改； （6）对重大危险源进行评价，分级、监控管理		
9	其他	（1）危险性较大的设备、设施按照国家有关规定进行定期检测检验； （2）建立重大危险源台账和档案； （3）建立职业卫生档案和员工健康档案； （4）放射性工作人员配发辐射剂量计，建立辐射剂量档案； （5）为有害工种员工发放保健费； （6）与建设方（业主）签订安全生产合同与承包、租赁方签订安全生产合同		
备注：共计50个检查项目，每项2分，合计100分　　　　实际得分：_____				

测井现场安全检查考核表见附表2。

附表2　测井现场安全检查考核表

序号	项目	检查（项目）内容	是	否
1	人员状况	（1）测井作业人员应持有"放射工作人员证""爆破员工作业证"等相关证件。 （2）熟悉本岗位的安全危险和环境危害因素，以及应急知识和技能。 （3）测井队应设安全员，负责施工前进行安全讲话和本队各种安全制度的落实。 （4）放射性、火工品的押运人明确，并熟悉"一人全程负责制度"和安全防护知识		
2	安全设施和防护用品	（1）运输放射源和爆炸物品的车辆应设置安全标志。 （2）测井施工作业使用放射源和爆炸物品的现场应设置安全标志。 （3）测井小队应配备便携式放射性个人剂量仪（卡），并在校验有效期内（送检周期为三个月）。 （4）配备的放射性防护服、防护眼镜、绳、扣等附件应确保完整无缺失。 （5）断线钳钳口应完好，各部件应无松动、脱落和损坏现象。 （6）在可能含有硫化氢等有毒、有害气体井作业时，测井小队应配备一台便携式硫化氢气体监测报警仪和一定数量的正压式呼吸器		
3	设备状况	（1）进入井场的车辆和测井发电机应配备防火罩。 （2）放射源运源车随车的辐射检测设备完好、防护锁完好，电离辐射标志齐备。 （3）测井车应接地良好，车辆仪表应完好无损，电气系统不应有短路和漏电现象。 （4）天地滑轮应做到万向头灵活好用，零部件应无松动，滑轮应不摆动、牢固可靠。 （5）固定地滑轮尾链应完好无损，并定期检验。 （6）拉力棒定期（正常使用15口井）更换或遇较大拉力（超过额定拉力值70%）后及时更换，并应有使用档案，测井设备的吊环、吊索应定期检查和探伤		
4	现场准备	（1）测井队队长，了解井身参数、井下情况，核实测井作业的具体内容，并协调事故应急的联动措施。 （2）召开班前会，通报井身结构、井下情况，布置本次作业的内容、顺序，提出安全要求和注意事项。 （3）确认班组成员正确佩戴劳动防护用品。 （4）作业区域设立隔离标识和警示标识		
5	绞车摆放	（1）有井架吊装时，绞车距离井口25～30m；采油树或无井架吊装时，绞车距离井口15～30m；深度大于3500m时，绞车距离井口30～40m，且前部增加固定措施。 （2）车身与地滑轮、井口三点成一线、车辆前轮回正，放置防滑掩木。 （3）车辆手刹车、动力选择设置正确，绞车滚筒、制动装置、链条防护罩完好		
6	放射源管理与使用	（1）测井队应配护源工，负责放射源领取、押运、使用、现场保管及交还。 （2）专用储源箱应设有"当心电离辐射"标志，并单独吊装。 （3）在井口装卸放射源，应先将井口盖好。		

序号	项目	检查（项目）内容	是	否
6	放射源管理与使用	（4）装卸放射源时应使用专用工具，圈闭相应的作业区域，设立电离辐射标识，无关人员撤离到安全地带。 （5）装、卸放射源人员应穿戴辐射防护服（镜），佩戴个人剂量卡。 （6）起吊载源仪器时，应使用专用工具，工作人员不应触摸仪器源室		
7	火工品管理与使用	（1）火工品应装入固定在车内的防爆箱、防爆罐中，加锁运输，专人监护。 （2）起爆器与其他火工品应分车装运。 （3）雷管保险箱、射孔弹保险箱均应单独吊装。 （4）在钻井现场存放爆炸物品时，应放在专用释放架上或指定区域。 （5）装炮时应选择离开井口 3m 以外的工作区，圈闭相应的作业区域，并设置"严禁烟火""当心爆炸"的警示标识。 （6）射孔时现场不应使用电、气焊，作业现场周围的车辆、人员不应使用无线电通信设备。 （7）排炮、装枪结束后及时将剩余的火工品收回防爆箱、防爆罐，并上锁装车。 （8）测量雷管时，先将雷管放入安全筒中，人体避开安全筒的开口方向，使用爆破专用欧姆表进行测量。 （9）连炮前，操作工程师断开地面仪器与测井电缆的连接，取下点火开关钥匙，并交测井队长保管。 （10）在井口进行接线时，应将枪身全部下入井内，电缆缆芯对地短路放电后方可接通。 （11）射孔枪连接电源时无关人员撤离到安全地带。 （12）未起爆的枪身起出井口前，应先断开引线并绝缘好后，方可起出井口。 （13）未起爆的枪或已装好的枪身不再进行施工时，应在圈闭相应的作业区域内及时拆除雷管和射孔弹。 （14）下过井的雷管不应再用。 （15）大雾、雷雨、六级以上大风天气及夜间不应进行射孔作业和爆炸作业。 （16）放射源库和火工品库的管理应符合规范要求		
8	测井过程	（1）仪器出入井口时，应有专人在井口指挥。 （2）电缆在运行时，绞车后不应站人，不应触摸和跨越电缆。 （3）在处理解卡事故上提电缆时，除担任指挥的人员外，钻井和测井人员应撤离到值班房和车内，其他人员一律撤出井场		
9	设备拆卸	（1）拆卸放射源前应盖好井口、佩戴护具、使用工具、对源进行清洁并检查完好性。 （2）清查射孔、取心的哑炮，并回收报废火工品。 （3）离开井场前，应派专人检查放射源、火工品		

备注：共计 50 个检查项目，每项 2 分，合计 100 分　　实际得分：＿＿＿＿＿＿＿＿

参考文献

［1］孙振纯，等．井控技术．北京：石油工业出版社，1997．

［2］孙振纯，等．井控设备．北京：石油工业出版社，1997．

［3］《石油天然气钻井井控》编写组．石油天然气钻井井控．北京：石油工业出版社，2008．

［4］集团公司井控培训教材编写组．钻井技术、管理人员井控技术．东营：中国石油大学出版社，2013．

［5］李敏，等．现代井控工程关键技术实用手册．北京：石油工业出版社，2012．

［6］中国石油勘探与生产分公司工程技术与监督处．钻井监督（上下册）．北京：石油工业出版社，2005．

［7］李强，高碧桦，等．钻井作业硫化氢防护．北京：石油工业出版社，2006．

［8］王华．井控装置实用手册．北京：石油工业出版社，2008．